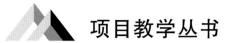

项目教学丛书

U0163495

滤波方法及其在高光谱遥感影像处理中的应用

■ 陈志坤　蔡之华　江俊君　著

WUHAN UNIVERSITY PRESS

武汉大学出版社

图书在版编目(CIP)数据

滤波方法及其在高光谱遥感影像处理中的应用/陈志坤,蔡之华,江俊君著. —武汉:武汉大学出版社,2021.6(2022.4 重印)
项目教学丛书
ISBN 978-7-307-22198-7

Ⅰ.滤… Ⅱ.①陈… ②蔡… ③江… Ⅲ. 滤波技术—遥感图像—研究 Ⅳ.TN713

中国版本图书馆 CIP 数据核字(2021)第 055286 号

责任编辑:杨晓露   责任校对:李孟潇   版式设计:马 佳

出版发行:**武汉大学出版社**   (430072 武昌 珞珈山)
       (电子邮箱:cbs22@whu.edu.cn 网址:www.wdp.com.cn)
印刷:武汉邮科印务有限公司
开本:787×1092 1/16 印张:7.5 字数:175 千字 插页:1
版次:2021 年 6 月第 1 版 2022 年 4 月第 2 次印刷
ISBN 978-7-307-22198-7 定价:30.00 元

内 容 简 介

　　本书以特征提取理论为主线，以高光谱遥感影像为研究对象，充分发挥改进的滤波算法提取高光谱遥感影像特征的优势，以鲁棒提取特征进行高光谱遥感影像分类方法为研究内容，分别从噪声影像的鲁棒表示，小样本影像的鲁棒表示和跨区域混合影像的鲁棒表示方面进行研究。全书共分为 7 章，第 1 章是高光谱遥感影像概述；第 2 章主要介绍高光谱遥感影像特征提取及分类研究；第 3 章主要介绍分类优选双边滤波算法及高光谱遥感影像噪声处理；第 4 章主要介绍三边平滑滤波算法及高光谱遥感影像噪声处理；第 5 章主要介绍超像素双边滤波算法及高光谱遥感影像小样本处理；第 6 章主要介绍传播滤波算法及高光谱遥感影像跨区域混合处理；第 7 章总结和展望。

　　本书结合作者本人的科研经验，在撰写过程中尽可能详细地描述了研究动机、研究启发、实验方案、实验结论等，可为滤波算法及高光谱遥感影像研究者在设计新算法以及安排实验方案验证新算法时提供参考。本书可作为高等院校遥感及相关专业本科、研究生的高光谱遥感课程教材。

前　言

随着卫星遥感应用日新月异及卫星遥感技术的迅猛发展，人类已经进入一个多层、立体、全方位和全天候对地观测的新时代[1]。遥感在光谱、空间以及时间三个分辨率上得到了巨大的发展，形成了高、中、低轨道结合，大、小、微型卫星协同，粗、精、细分辨率互补的遥感网络[2]。高光谱遥感成像技术结合了传统遥感和光谱图像分析两大技术，是一种可以同时提供空间信息和光谱信息的技术，是近几十年遥感技术研究的热点之一[3][4]。该技术通过高光谱遥感系统从物体中获取上百个连续狭窄的电磁波段并记录到图像像元中，其中物体的成像范围从人类肉眼可见光延伸到人类肉眼不可见的近红外、中红外甚至远红外光谱区间，从广泛的微观信息涵盖到宏观的光谱和空间信息，可以提供具有高信噪比、高空间、高时相和高光谱分辨率的图像[5]。高光谱遥感影像的光谱信息是在空间的基础上呈现的，这意味着高光谱影像不仅包含丰富的反映地物特有物理性状的详细光谱信息，同时也提供地物的空间几何信息，能将由物质成分决定的地物光谱与反映地物形状、纹理与布局的空间影像有机结合，从而实现对物质的精确检测、识别以及属性分析[6]。

在信息化时代的今天，作为认识和感知世界的一种新的犀利手段，高光谱遥感影像技术越来越受欢迎，与人类的工作和生活越来越息息相关，在资源管理、精准农业、林业防护、矿业调查、环境监测等领域发挥的作用越来越大[7]。如在资源管理领域[8]，高光谱遥感影像可用于地质勘探[9]，农作物和木材种类鉴定[10][11]，水资源调查[12][13]，土地利用类型统计[14][15]和海洋测绘[16]等；在农业方面，高光谱遥感影像不仅可以对作物和木材的种类进行分类，还可以观察生长过程中的微小变化，揭示矿物质和水的短缺[17][18]，从而对其进行检测和评价，发现和预测疾病；在环境监测方面，高光谱遥感影像可以定量分析生态环境，例如分析污染情况、监测污染源、检查油和其他物质的泄漏，监测海洋温度、叶绿素、有机物的分布和变化[19][20]。对于幅员辽阔和环境复杂的中国，机载和星载高光谱遥感技术是一种适合资源调查和信息更新的方法。

高光谱遥感影像的特征提取及分类是高光谱遥感影像研究的重要组成部分和关键技术，它们不仅在学术上具有重要的研究价值，同时在现实中也具有非常重要的应用价值。而滤波算法是高光谱特征提取中非常重要的算法之一，因此，开展滤波方法及其在高光谱遥感影像处理中的应用研究，具有非常重要的理论意义和现实意义。

本书的顺利出版，得到了钦州市海洋地理信息资源开发利用重点实验室、广西北部湾海岸科学与工程实验室、北部湾大学、中国地质大学（武汉）和哈尔滨工业大学等单位的

本书受到：广西自然科学基金项目面上项目（2018GXNSFAA281308），国家自然科学基金项目（61971007），南方海洋科学与工程广东省实验室（珠海）创新团队建设计划（311021004），工程自动化重点项目（CAAI AD20150009），北海海洋人工智能应用技术研究（20060D017）的大力资助。

1

大力支持，同时也得到了广西本科高校特色专业及实验实训教学基地（中心）建设项目、国家自然科学基金项目（61773355）、广西科技基地和人才专项（桂科 AD20159036）、广西自然科学基金项目（2021GXNSFAA075029）、北部湾大学引进高层次人才科研启动项目（2019KYQD27）的大力资助。

目　　录

第1章　高光谱遥感影像概述

1.1　高光谱遥感影像数据表示

高光谱遥感影像可以被认为是数十个或数百个相同图像的集合，在不同的波长通道上，将这些图像放在一起形成图像立方体[21][22]。如图1-1所示为高光谱遥感影像立体示意图，高光谱遥感影像数据表示为立方体，假设这个特定的图像是 i 像素 $\times j$ 像素 $\times d$ 波段，总共有 $i \times j$ 像素。将此立方体重塑为数据矩阵将产生尺寸为 $i \times j \times d$ 个带的矩阵，其中 (i, j, d) 坐标的前两个索引 (i, j) 表示图像中像素的空间位置，第三个索引定义第 d 个光谱带中的像素的反射响应。

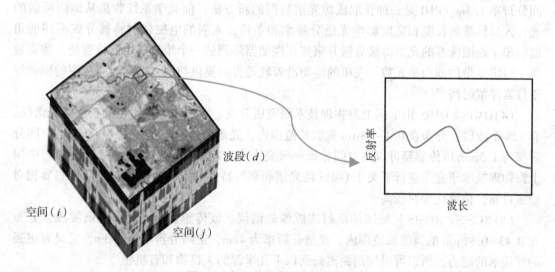

图1-1　高光谱遥感影像立体示意图

1.2　常见高光谱成像仪

高光谱成像仪将传感器光谱带上的辐射能量记录在影像像素上。影像像素的物理尺寸对应于传感器的空间分辨率，通常为几分之一米到几十米。除了空间分辨率之外，传感器的特征还在于它能够测量光谱波长范围和最小的可检测波长差，即光谱分辨率。像素的光谱特征将是像素在每个传感器光谱带上的响应图。常见的高光谱成像仪如下。

（1）AVIRIS。机载可见/红外成像光谱仪（AVIRIS）代表了当前最先进的机载高光谱系统，由美国国家航空航天局的喷气推进实验室航空可见光/红外成像光谱仪获取。AVIRIS是一款224通道成像光谱仪，光谱分辨率约为10nm，覆盖0.4~2.5μm光谱范围。该传感器是一个扫帚系统，利用扫描前视来获取跨轨道数据。四个离轴双通施密特光谱仪使用光纤接收来自前视的入射光，四个线性阵列，每个离轴一个光谱仪，光谱范围分别在0.4~0.7μm，0.7~1.2μm，1.2~1.8μm和1.8~2.5μm区域内。AVIRIS放在大约飞行高度20km的NASA ER-2飞机上，也放在低空飞行的"双水獭"飞机上，生成2~4m空间分辨率的图像[23]。

（2）Hyperion。Hyperion是一种卫星高光谱成像仪，2000年11月美国NASA的EO-1 Hyperion传感器的发射标志着星载高光谱矿物测绘能力的建立，覆盖0.4~2.5μm光谱范围，具有242条光谱带，光谱分辨率约为10nm，空间分辨率为30m。Hyperion是一种推扫式仪器，在垂直于卫星运动的7.5km宽的扫描带上捕获256个光谱，每个光谱具有242个光谱带。该系统有两个光栅光谱仪：一个可见/近红外光谱仪（光谱范围约0.4~1.0μm）和一个短波红外（SWIR）光谱仪（光谱范围约0.9~2.5μm）[24]。

（3）PHI。PHI是一种典型的机载推扫式高光谱成像仪。该成像仪由中国科学院物理研究所研制而成，覆盖0.4~0.87μm光谱范围，具有247条光谱带，光谱分辨率5nm，空间分辨率1.3m。PHI是一种获取成像光谱数据的新方法，前光学系统收集从地面反射的光，入口狭缝的长度和宽度影响光谱分辨率和条带，入射的电磁辐射将被分成不同的角度，单个地面像素的光谱将被分散并聚焦在探测器阵列的一个维度的不同位置处，像素数等于给定条带的地面单元数。飞机的运动沿着轨道方向提供扫描，因此线路频率的倒数等于像素停留时间[25]。

（4）OMIS。OMIS由中国上海物理技术研究所开发。它是一种模块化机载成像光谱仪，有128个波段，分布在0.4~13μm宽波长范围内，光谱分辨率分布在10~600nm，空间分辨率为1.3m。该传感器可以高空间分辨率研究海水水质和局部温度异常。飞行前，中国上海物理技术研究所进行了关于OMIS的光谱和辐射特性的室内校准。它表明传感器相对稳定可靠，信噪比相对较高[26]。

（5）ROSIS。ROSIS是德国的反射式成像光谱仪。该传感器有128个光谱波段，分布在0.43~0.96μm的宽波长范围内，光谱分辨率为4nm，空间分辨率为1.3m。它具有很强的穿透水的能力，所以可以探测距离海面以下几米深的无机物和有机物[27]。

（6）HyMap。HyMap是澳大利亚设计和制造的机载光谱仪，是用于地球资源遥感的机载成像系统。HyMap有126个光谱波段，跨越0.4~2.5μm光谱区域的波长范围，光谱分辨率分布在10~20nm，空间分辨率为5m，允许图像在飞机向前飞行时逐行构建，由扫描镜收集的反射太阳光通过系统中的四个光谱仪分散成不同的波长，光谱仪的光谱和图像信息被数字化并记录在磁带上[28]。

（7）CASI。CASI是加拿大生产的轻便机载光谱成像仪，采用推扫式扫描成像方案，有288个光谱通道，跨越0.4~0.9μm光谱区域的波长范围，具有1.8nm的光谱分辨率，空间分辨率为0.25m。该传感器体积小，使用轻便，可用于空中探测，也可用于实验室操作，能根据探测任务及光谱特性，选择光谱波段和谱带宽度，使用非常灵活[29]。

(8)HYDICE。HYDICE 是美国机载推帚式高光谱成像光谱仪，因其高空间和光谱分辨率的结合而得名。该成像仪有 210 个光谱通道，跨越 0.4～2.5μm，随着波长变化，光谱分辨率范围从 8～15nm 不等，随着飞机高度变化，空间分辨率范围从 1～14m 不等。该系统能够提供经过完好表征、信号/噪声比及辐射精度均比现在正在飞行的超光谱系统高的空间和光谱分辨率数据，操作灵活可靠[30]。

(9)CHRIS。CHRIS 是一种星载推扫式光谱成像仪，在 2001 年 10 月欧洲航天局发射的 PROBA 卫星上。该成像仪有 62 个光谱通道，跨越 0.4～1.05μm 光谱范围，光谱分辨率为 5nm，空间分辨率为 34m，光谱范围大，分辨率高和成像模式多，同一个地方成像角度达到 5 个，有利于生物监测[31]。

1.3 高光谱遥感影像特性

(1)高光谱遥感影像数据量大，给数据的存储、管理以及设计高效的运算处理分析带来巨大挑战。例如，每平方千米的 20 米空间分辨率 AVIRIS 图像需要 1.1 兆字节进行存储；2000 平方千米的面积需要超过 2.5 千兆字节(Gbyte)的原始数据存储空间。对于相同区域，1 米分辨率的 AVIRIS 图像将占用超过 1PB(Pbyte)的存储空间。因此，面对数据量如此大的影像，设计高性能的高光谱遥感影像数据处理分析算法是当前高光谱遥感技术的研究热点问题。

(2)高光谱遥感影像波段多，相邻波段存在冗余现象。随着远程传感器光谱分辨率的提高，机载或星载高光谱传感器获取的高光谱遥感影像的光谱带数量通常达到数百甚至数千，这种丰富的光谱信息增强并扩展到高光谱遥感影像的潜在应用，可以更多地了解隐藏在窄谱范围内的众多地物的细微特征。然而，光谱数量的增加很容易导致应用中的维数或"休斯"现象的出现。此外，由于大多数物体的光谱反射率是逐渐变化的，在某些光谱区域与许多连续的波段高度相关，在高光谱遥感影像中存在严重的冗余信息。因此，如何进行降维，减少冗余信息的影响是当前高光谱遥感影像特征提取研究中的热点问题。

(3)高光谱遥感影像包含近乎连续的地物详细光谱信息，可以用于区分物体细微的变化。然而由于环境、传感器以及系统性能的影响，同一物质其光谱曲线不同，即同物异谱，或者不同物质其光谱曲线相同，即异物同谱。此时，使用逐像素进行识别，容易产生误分类，而在使用光谱特征的同时考虑空间特征能有效地减少误分类的概率。因此，如何使用空谱特征提取方法降低误分类的概率是当前高光谱遥感技术研究的热点问题。

1.4 高光谱遥感影像实验数据集

Indian Pines 遥感影像是通过 AVIRIS 传感器获取的位于印第安纳州西北部农业松树测试场的图像，图像的大小为 145×145 像素，空间分辨率为 20m，光谱范围 0.4～2.45μm，包含 224 个波段，其中 24 个波段由于水汽吸收被移除，剩余 200 个波段。图1-2(a)、图 1-2(b)和图 1-2(c)分别是 Indian Pines 的伪彩色合成图、真实地类图和颜色编号。该实验区包含 16 种真实地类，具体如下：苜蓿草(Alfalfa)、未耕玉米地(Corn_n)、玉米幼苗

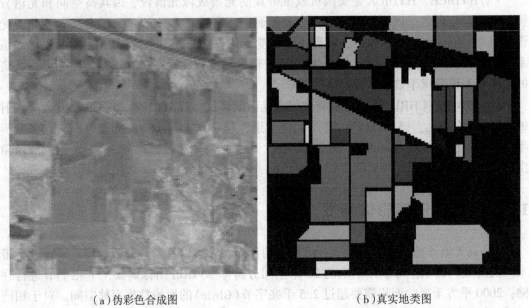

（a）伪彩色合成图　　　　　　　　　　（b）真实地类图

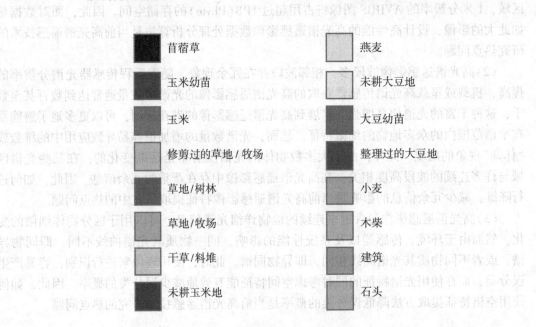

	苜蓿草		燕麦
	玉米幼苗		未耕大豆地
	玉米		大豆幼苗
	修剪过的草地/牧场		整理过的大豆地
	草地/树林		小麦
	草地/牧场		木柴
	干草/料堆		建筑
	未耕玉米地		石头

（c）颜色编号

图 1-2　Indian Pines 实验数据

（Corn_m）、玉米（Corn）、修剪过的草地/牧场（Grass_m）、草地/树林（Grass_t）、草地/牧场（Grass_p）、干草/料堆（Hay_w）、燕麦（Oats）、未耕大豆地（Soybeans_n）、大豆幼苗（Soybeans_m）、整理过的大豆地（Soybeans_c）、小麦（Wheat）、木柴（Woods）、建筑（Building）和石头（Stone）。

Kennedy Space Center(KSC)遥感影像是通过 AVIRIS 传感器获取的，实验区域在肯尼迪航天中心附近，属于美国佛罗里达州野生动物保护区，周边十几千米均覆盖了丰富的植被。影像获取日期为 1999 年 3 月 23 日，该组影像拍摄于 20km 左右高空，其空间分辨率达到 18m，光谱范围为 400~2500nm，图像的大小为 614×512 像素，包含 244 个波段，剔除掉受大气吸收与噪声影响极其严重的波段，剩余的 176 个波段用于植被分类。图 1-3（a）、图 1-3(b)和图 1-3(c)分别是 Kennedy Space Center 的伪彩色合成图、真实地类图和颜色编号，该实验区包含 13 种真实地类，具体如下：灌木(Scrub)、湿地禾草(Graminoid marsh)、黑柳（Swamp willow）、湿地米草（Spartina marsh）、棕榈芦苇（Cabbage palm hammock）、湿地蒲草（Cattail marsh）、棕榈/橡树（Cabbage palm/oak）、湿地盐（Salt marsh）、湿地松（Slash pine）、泥滩（Mudflats）、橡树/阔叶芦苇（Oak/broadleaf hammock）、水（Water）、沼泽硬木（Hardwood swamp）。

University of Pavia 遥感影像是通过 ROSIS 传感器获取的，位于帕维亚大学城市地区周围的图像。图像的大小为 610×340 像素，空间分辨率为 1.3m，光谱范围 0.43~0.86μm，包含 115 个波段，其中 12 个噪声通道被移除，剩余 103 个波段。图 1-4(a)、图 1-4(b)和图 1-4(c)分别是 University of Pavia 的伪彩色合成图、真实地类图和颜色编号。该实验区包含 9 种真实地类，具体如下：柏油马路(Asphalt)、草地(Meadows)、砂砾(Gravel)、树木(Trees)、金属板(Metal sheets)、裸土(Bare soil)、柏油屋顶(Bitumen)、砖块(Bricks)和阴影(Shadows)。

Salinas 遥感影像是通过 AVIRIS 传感器获取的，位于美国加州 Salinas 山谷的图像。图像的大小为 512×217 像素，空间分辨率为 3.7m，包含 224 个波段，其中移除 20 个波段，剩余 200 个波段。图 1-5(a)、图 1-5(b)和图 1-5(c)分别是 Salinas 伪彩色合成图、真实地类图和颜色编号。该实验区包含 16 种真实地类，具体如下：野草 1(weeds_1)、野草 2(weeds_2)、休耕地(Fallow)、粗糙的休耕地(Fallow_p)、平滑的休耕地(Fallow_s)、残株(Stubble)、芹菜(Celery)、野生的葡萄(Grapes)、正在开发的葡萄园的土壤(Soil)、开始衰老的玉米(Corn)、长叶莴苣 4wk(Lettuce_4)、长叶莴苣 5wk(Lettuce_5)、长叶莴苣 6wk(Lettuce_6)、长叶莴苣 7wk(Lettuce_7)、未结果实的葡萄园(Vinyard_u)和葡萄园小路(Vinyard_t)。

Botswana 遥感图像是利用 EO-1 卫星搭载的 Hyperion 传感器获取的博茨瓦纳奥卡万戈三角洲(Okavango Delta, Botswana)区域的高光谱遥感影像，该地区资源丰富，是人类与多种野生动物(包括大型濒临灭绝的野生动物)的重要栖息地。在拉姆齐湿地公约(Ramsar Convention on Wetlands)中，奥卡万戈三角洲被定为国际重点保护湿地。该组影像拍摄于约 7.7km 高空，其空间分辨率约为 30m，光谱范围为 400~2500nm，影像大小为 1476×256 像素，包含 242 个波段，剔除掉受大气吸收与噪声影响极其严重的波段，剩余的 145 个波段[10~55，82~97，102~119，134~164，187~220]用于实验的地物覆盖识别与灾害检测。图 1-6(a)、图 1-6(b)和图 1-6(c)分别是 Botswana 伪彩色合成图、真实地类图和颜色编号。该实验区包含 14 种真实地类，具体如下：水(Water)、河马草(Hippo grass)、涝原草 1(Floodplain grasses 1)、涝原草 2(Floodplain grasses 2)、芦苇(Reeds)、河岸植被(Riparian)、火灾威胁(Firescar)、湿地岛屿内陆(Island interior)、阿

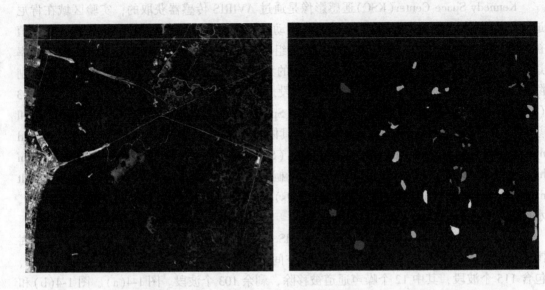

（a）伪彩色合成图　　　　　　　（b）真实地类图

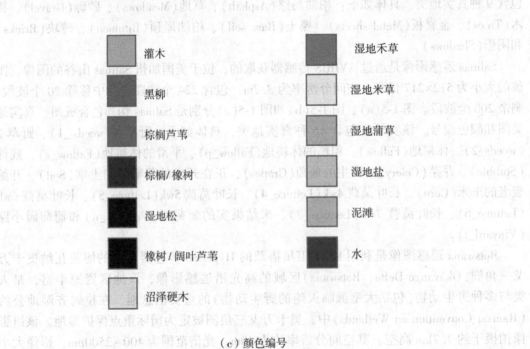

灌木		湿地禾草	
黑柳		湿地米草	
棕榈芦苇		湿地蒲草	
棕榈/橡树		湿地盐	
湿地松		泥滩	
橡树/阔叶芦苇		水	
沼泽硬木			

（c）颜色编号

图 1-3　KSC 实验数据

拉伯胶树林地（Acacia woodlands）、阿拉伯胶树灌木地（Acacia shurblands）、阿拉伯胶树草地（Acacia grasslands）、短可乐豆木（Short mopane）、混合可乐豆木（Mixed mopane）、裸土（Exposed soils）。

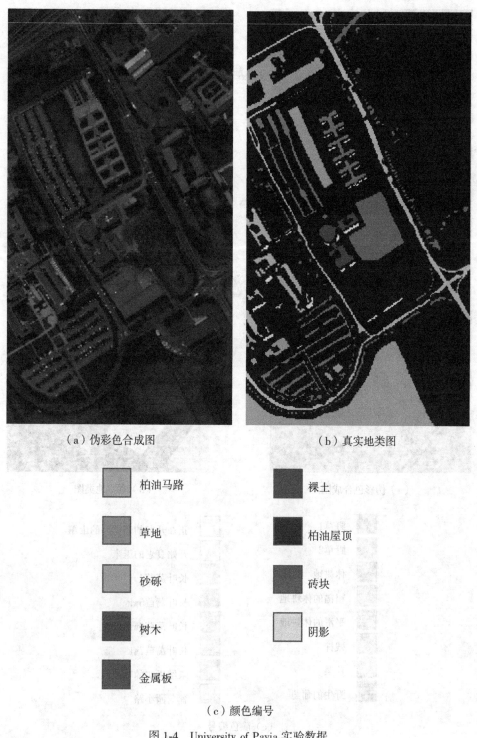

（a）伪彩色合成图　　　　　　　　　（b）真实地类图

柏油马路　　　　　裸土

草地　　　　　　　柏油屋顶

砂砾　　　　　　　砖块

树木　　　　　　　阴影

金属板

（c）颜色编号

图 1-4　University of Pavia 实验数据

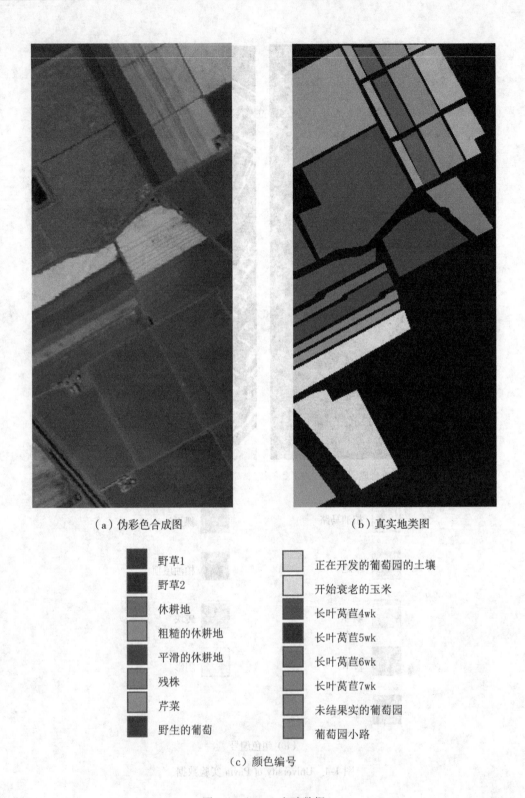

（a）伪彩色合成图　　　　　　　　　　　　（b）真实地类图

野草1　　　　　　　　　　正在开发的葡萄园的土壤

野草2　　　　　　　　　　开始衰老的玉米

休耕地　　　　　　　　　　长叶莴苣4wk

粗糙的休耕地　　　　　　　长叶莴苣5wk

平滑的休耕地　　　　　　　长叶莴苣6wk

残株　　　　　　　　　　　长叶莴苣7wk

芹菜　　　　　　　　　　　未结果实的葡萄园

野生的葡萄　　　　　　　　葡萄园小路

（c）颜色编号

图 1-5　Salinas 实验数据

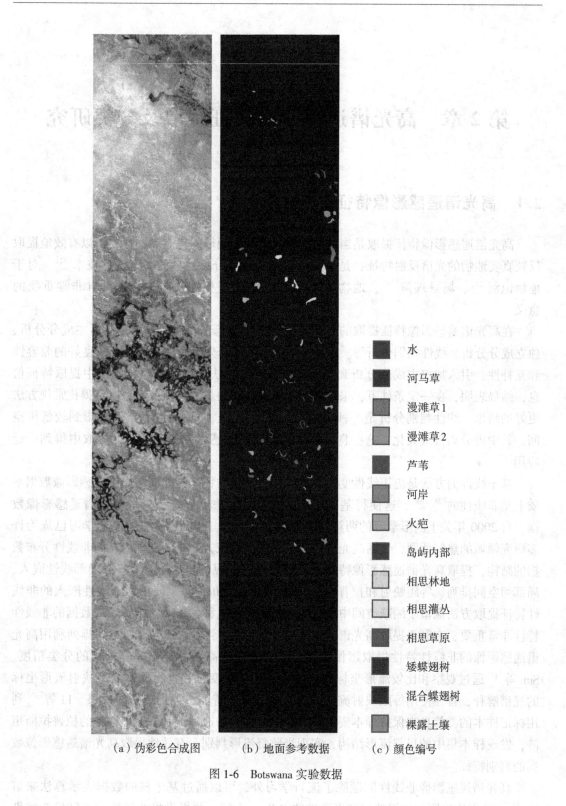

（a）伪彩色合成图　　（b）地面参考数据　　（c）颜色编号

图 1-6　Botswana 实验数据

水
河马草
漫滩草1
漫滩草2
芦苇
河岸
火疤
岛屿内部
相思林地
相思灌丛
相思草原
矮蝶翅树
混合蝶翅树
裸露土壤

第2章　高光谱遥感影像特征提取及分类研究

2.1　高光谱遥感影像特征提取研究

  高光谱遥感影像特征提取是当今遥感及其他应用领域的焦点课题，它可以有效地提取反映真实地物的光谱反射特征，是高光谱影像解译与分析处理的关键信息技术[32]。对于地物识别[33]、场景理解[34]、地物属性分析[35]等诸多相关领域的研究具有非常重要的意义。

  在高光谱遥感影像特征提取的早期阶段，主要是基于线性的方法，包括主成分分析、独立成分分析、线性判别分析等。Liu 等[36]利用主成分分析和独立成分分析良好的兼容性和互补性，引入加权主成分分析和独立成分分析的方法从高光谱遥感影像中提取特征信息，结果表明，在一定条件下，采用适当数量的特征向量和加权值，可以获得比常规方法更好的结果。线性判别分析是一种有效的子空间技术，将原始超维空间投影到较低维空间，其中类分离被最大化，这些良好的特点使其在遥感影像分类和特征提取中得到广泛应用[37]。

  基于线性的方法是应用线性变换来提取影像数据的特征，然而高光谱遥感影像数据本质上是非线性的[38][39]，这使得基于非线性变换的方法更适合于分析高光谱遥感影像数据。自 2000 年关于流形学习的两篇论文发表在 *Science* 上以来[40][41]，流形学习已成为许多研究领域的热门话题，包括高光谱遥感技术领域，该方法试图发现内在的非线性分布数据的结构，提取高光谱遥感影像特征非常有效[42]。常见的流形学习方法有局部线性嵌入、局部切空间排列、等距映射和拉普拉斯映射方法等。Han 等[43]使用局部线性嵌入的非线性特征提取方法保留了缩减空间中数据的局部拓扑，这种保留对于维护输入数据的非线性特性非常重要，有利于提取高光谱遥感影像特征。Ma 等[44]通过局部切空间排列利用高光谱遥感影像的非线性特性提取影像特征，结果表明提高了高光谱遥感影像的分类精度。Sun 等[45]通过观察和比较流形坐标与光谱特征之间的变化趋势，探索等距映射流形坐标的光谱解释，旨在使用等距映射流形图提取低维流形特征，得到较好的效果。Li 等[46]利用标记样本的类信息来保持样本集的可分离性，通过构造标记和未标记样本的拉普拉斯矩阵，发现样本集中的局部流形结构，实现半监督流形判别，有效地提取高光谱遥感影像数据的判别特征。

  高光谱遥感影像非线性问题除了流行学习外，可以通过基于核的数据表示算法来解决[47]。核方法将原始数据映射到更高维的 Hilbert 空间，并提供将非线性问题转换为线性问题成为可能[48]。Li 等[49]将非参数加权特征提取高光谱遥感影像特征的方法，扩展到基于内核的非参数加权特征提取方法。该方法具有线性和非线性变换的优点，在决策边界特征提取等方面优于非参数加权特征提取，在计算上是高效的、鲁棒的，并且对于模式分析是稳定的。线性判别分析的线性方法适用于单峰高斯类条件分布，但是当类之间的数据样本在输入空间中非线性分离时，预期线性判别分析方法将失败，核判别分析试图通过将输入空间中的数据映射到子空间来解决该问题，使得高维核引起的空间中的 Fisher 比最大化，核判别分析已被证明优于线性判别分析，特别是当数据分布是非高斯和多模时，例如当像素表示与背景类严重混合的目标类时。Liao 等[50]使用核主成分分析分析高光谱数据，更好地提取与特征相对应的主要信息，有效地获得非线性高维数据的内在特征，对于降维和光谱特征识别，它是有用的和令人印象深刻的。Zhao 等[51]提出了一种基于核的独立成分分析算法，首先，对一个特征空间进行了核主成分分析，利用原始的高光谱数据空间通过一定的非线性应用函数来增白数据，并充分利用光谱带之间的非线性信息。然后，使用核独立成分分析寻找核主成分分析白化空间中的预测方向，以预先获得完全独立的数据分布，用于解码器定位原始目标。核独立成分分析算法保存了高光谱数据降噪的非线性信息，并且提取的特征非常独立。Zhao 等[52]证实了非线性特征提取方法核最小噪声分数变换，有益于高光谱遥感的许多应用，通过最近邻域信息（在滑动窗口内）估计噪声分数，有利于噪声分数估计和信息保存，很好地保留了原始数据的高阶结构。

以上的高光谱遥感影像特征提取方式，并不是基于"深层"方式，如广泛使用的主成分分析和独立成分分析是单层学习方法[53]，而深层架构被认为是一种很有前途的选择，因为基于深度学习的方法，包括两层或更多层来提取新特征，旨在模拟从视网膜到皮质的过程，这些深层架构在高层次上产生了更抽象的特征，这些特征通常是健壮且不变的，在图像分类和目标检测中效率很高[54]。Chen 等[55]提出了一种具有组合正则化的三维卷积神经网络的有限元模型，采用若干卷积和汇集层提取高光谱遥感影像深度特征，这些特征是非线性的、可判别的和不变的，这些特征对图像分类和目标检测很有用。Liu 等[56]提出了一种基于暹罗卷积神经网络的新型监督深度特征提取方法，以提高高光谱遥感影像分类的性能。首先，设计具有五层的卷积神经网络直接从高光谱遥感影像立方体中提取深度特征，其中卷积神经网络可以用作非线性变换函数。然后，训练由两个卷积神经网络组成的暹罗网络，以学习显示低类内和高类间变异性的特征。所提出方法的重要特征是暹罗卷积神经网络受到边缘排序损失函数的监督，其可以为分类任务提取更多的辨别特征。Song 等[57]提出了一种用于高光谱遥感影像分类的深度特征融合网络。一方面，引入残差学习来优化几个卷积层作为身份映射，简化深度网络的训练并从增加的深度中受益，建立一个非常深的网络，以提取更多的高光谱遥感影像辨别特征。另一方面，所提出的深度特征融合网络模型融合了不同分层的输出，可以进一步提高分类精度。Zhou 等[58]使用深度特征对齐神经网络来执行域自适应，其中来自补充数据源的标签数据可用于改善域中的分类性能。在所提出的模型中，首先使用深度卷积递归神经网络提取源域和目标域的辨别特征，然后通过将每个层的特征映射到每个层变换的公共子空间来逐层地彼此对齐。结果证明了所提出的深度学习框架能够通过利用来自源域的信息来对目标域数据进行稳健的分类。

　　研究表明，将空间信息纳入基于光谱的特征提取中是有效的[59]。随着成像技术的发展，高光谱传感器可以提供良好的空间分辨率，因此可以将详细的空间信息用于特征提取中[60]。Mou 等[61]提出了一种新颖的网络体系结构，具有残差学习的完全 Conv-Deconv 网络，用于高光谱遥感影像的无监督光谱空间特征学习，首先通过卷积子网络(编码器)转换为典型的低维空间，然后扩展以再现初始反卷积子网络(解码器)的数据，取得了非常好的效果。Ren 等[62]提出基于张量的空间光谱特征提取方法。首先，在基于循环卷积的张量框架的基础上，将传统的主成分分析扩展到张量主成分分析；然后，使用张量主成分分析获取高光谱遥感影像数据的空间光谱特征；将获得的空间光谱特征用于分类，结果表明分类精度明显高于其他竞争方法获得的精度。Sun 等[63]提出了一种基于超图像嵌入的空间光谱特征提取算法。首先，每个高光谱遥感影像像素被视为顶点，并且采用扩展形态轮廓和光谱特征的关节作为与顶点相关联的特征。然后通过 K-Nearest-Neighbor 方法构造超图像，其中每个像素及其大多数 K 个相关像素被链接为一个超边缘以表示高光谱遥感影像像素之间的复杂关系；其次，超图像嵌入模型旨在通过保留高光谱遥感影像的几何结构来学习低维特征，同时还引入了自适应超边距权重估计方案，以通过对权重的正则化约束来保留突出的超边界。针对非线性流形学习特征提取方法很少考虑空间信息和缺乏明确的映射关系的问题，Zhang 等[64]提出了一种有监督的空间光谱局部拓扑保持嵌入方法，用于高光谱遥感影像的有效特征提取，该方法具有两个优点：一个是通过直观策略整合每个像素的空间和光谱信息；另一个是提供显式和非线性映射关系以有效地将未标记数据映射到学习特征空间。Xia 等[65]提出了一种新的空间光谱分类策略，通过整合旋转森林和马尔可夫随机场来提高高光谱遥感影像的分类性能。首先，执行旋转森林以基于光谱信息获得类概率，旋转森林使用特征提取和子集特征创建多样化的基础学习者，特征集随机分为几个不相交的子集；然后对每个子集分别进行特征提取，得到一组新的线性提取特征，基础学习者使用此组进行训练，通过多次重复这些步骤来构造分类器的集合，在旋转森林中使用四种特征提取方法，包括主成分分析、邻域保持嵌入、线性局部切线空间对齐和线性保留投影；其次，利用马尔可夫随机场先验建模的空间上下文信息，通过 α-扩展图切割优化方法求解最大后验概率问题，对旋转森林获得的分类结果进行细化，具有局部特征提取方法的旋转森林，包括邻域保持嵌入、线性局部切线空间对齐和线性保留投影，可以导致比主成分分析更高的分类准确度；在马尔可夫随机场的帮助下，所提出的算法可以显著提高分类精度，证实了空间上下文信息在高光谱空间光谱分类中的重要性。

　　最近，滤波算法已经被证实了是高光谱遥感影像提取空谱特征的最有效方法之一。Li 等[66]使用三维 Gabor 滤波生成非常好的空谱特征，用于高光谱遥感影像分类。该方法主要有两个步骤：高光谱遥感影像立方体的主成分首先由三维 Gabor 滤波生成，然后堆叠自动编码器通过无人监督的预训练对前一步骤的输出进行训练，最后在这些堆叠自动编码器上训练深度神经网络，实验结果证实了所提出的方法的有效性，有利于提高分类精度和计算效率。Xia 等[67]通过集合使用主成分分析和边缘保持滤波策略，在分类过程中充分利用光谱和空间信息，获得了高光谱遥感影像的准确分类结果。首先，从原始特征空间中随机选择几个子集；其次主成分分析用于提取光谱独立的组件，边缘保持滤波方法有效提取了空间特征；然后使用随机森林或旋转森林分类器对光谱空间特征进行分类。实验结果证明了方法的有效性。Tu 等[68]提出了一种基于非局部均值滤波的高光谱遥感影像分类方法。首先，采用支持向量机获得高光谱遥感影像的分类结果；然后，利用高光谱遥感影像的第一主成分或前三个主成分中的空间上下文信息，通过非局部均值滤波优化初始概率图，得到空间结构的优化概率图像；最后，基于最大概率计算最终分类结果。实验结果表明，基于非局部均值滤波的分类方法可以显著提高分类精度。Li 等[69]针对流行的去噪技术仅在一个特定域中处理图像，其尚未利用高光谱遥感影像的多域特性，提出了一种基于小波分析和最小二乘滤波技术的空谱降噪新算法。在空间域中，利用具有改进阈值函数的新小波收缩算法来逐个调整噪声水平。该算法使用 BayesShrink 进行阈值估计，并通过添加形状调整参数来修改传统的软阈值函数。与软阈值函数或硬阈值函数相比，改进的阈值函数是一阶可导的并且在噪声和信号之间具有平滑的过渡区域，可以保存更多的图像边缘细节并削弱 Pseudo-Gibbs。最后，在谱域中，使用基于最小二乘法的立体 Savitzky-Golay 滤波器来去除可能在空间去噪期间引入的频谱噪声和人造噪声。根据现有知识适当选择滤波器窗口宽度，该算法在平滑光谱曲线方面具有有效的性能。结果表明，新的空谱去噪算法比传统的空间或光谱方法更显著地改善了信噪比，同时更好地保留了局部光谱特征。Wang 等[70]提出了一种基于联合双边滤波和图形切割分割的高光谱遥感影像空谱特征提取及分类方法。在该方法中，提出了一种用于通过标记空间光谱分割获得区域的新技术。该方法包括以下步骤：首先，支持向量机分类器用于估计属于每个信息类的概率。其次，使用扩展的联合双边滤波在概率图上执行图像平滑，通过使用联合双边滤波过程，可以有效地平滑均匀区域中的噪声，同时也可以更好地保留原始图像中的对象边界。再次，为每个信息类构造一系列改进的双标记图切割模型，从平滑的概率图中提取属于相应类的期望对象。最后，通过使用简单有效的规则合并在最后一步中获得的分割图来实现分类图。结果表明，提取的特征用于分类，获得了更好的分类精度。Guo 等[71]将 K-最近邻算法与引导滤波器相结合，使用引导滤波器提取空间上下文信息，并通过边缘保留滤波对分类结果进行去噪。为了解决维度灾难问题，在高光谱遥感影像分类中考虑了降维。结果表明，改进的支持向量机和 K-最近邻算法获得了更好的性能。

2.2 高光谱遥感影像分类研究

在过去几十年中，高光谱遥感影像分类技术一直是遥感领域研究的热点。高光谱遥感影像分类不仅用于区分不同类别的土地覆盖，而且还用于每个土地覆盖类别的组成部分，如矿物、土壤和植被类型等。常见的高光谱遥感影像分类算法主要分为三类：监督分类、非监督分类和半监督分类[72]。

监督分类算法可以分为基于概率分类算法和基于几何分类算法。基于概率分类算法主要涉及找到每个类的密度估计，并且基于这些估计进行分类。密度估计可以细分为参数和非参数类型的技术。基于贝叶斯和最大似然判定理论分类是高光谱成像中最常用的概率分类参数类型技术。Priya 等[73]将超像素和贝叶斯相结合，提出了一种新高光谱遥感影像分类方法。所提出的方法需要两个关键步骤：第一，作为预处理步骤，通过基于图形的分割来计算分组（超像素），第二，使用"每像素"贝叶斯分类器合并来自整体的每像素结果然后进行对象级分类。上述方法提供了利用空间上下文信息的稳健方式，超像素中的每个像素独立地使用统计贝叶斯进行分类，并且合并决策以获得每个超像素的唯一类标签，进而提供稳健的分类框架。Richard 等[74]根据训练像素的近邻可能来自同一类的想法，提出了将相邻评估作为潜在候选者的措施，用于补充高光谱数据的最大似然分类中的训练集，以减轻"休斯"现象，从而提高了类统计和分类精度。与概率参数分类器不同，非参数分类不需要估计其概率密度函数参数，K-最近邻是目前最流行的非参数分类算法。Sun 等[75]针对拉普拉斯算子和 K-最近邻分类器都省略了高光谱遥感影像数据的空间特征，严重限制了高光谱遥感影像数据的分类结果问题，提出了自适应加权求和核距离来改进拉普拉斯算子和 K-最近邻分类器，该方法自适应估计适当的空间邻域大小，考虑高光谱遥感影像每个像素的空间特征。结果表明，所提出的方法分类精度更高。基于几何方法可以找到在不同类之间分离的决策边界，使用决策边界来分隔不同的类。人工神经网络和支持向量机的使用在高光谱遥感影像中是非常流行的基于几何分类的方法。如 Rojas 等[76]为了获得用于对图像进行分类的显著数据集，采用 Harris 角点检测算法，其优点是通过一组简明的高信息点上进行计算来替换整个图像空间上的穷举搜索，因为单个实例的特征向量可能没有足够的判别信息，提出基于帧的 ANN 分类方法增加分类的准确度。结果表明，人工神经网络在特定应用中表现好，降低了分类错误率。支持向量机是 Vapnik 开发的分类器[77]，该分类方法旨在找到最佳超平面，将输入数据分离成它们各自的类。因为它在高光谱遥感影像分类领域中取得了良好的性能，所以引起了很多关注。

非监督分类算法是在不使用训练样本集的情况下进行分类。该算法主要分为分层聚类和分区聚类。在分层聚类中，数据在一系列步骤中从包括所有个体的聚类分成 k 个聚类，反之亦然，而分区聚类在一个步骤中将数据分离成 k 个聚类。分层聚类其变体二进制分层分类器[78]已被发现可用于许多高光谱遥感影像中。Crawford 等[79]针对高光谱遥感影像维度高且相关，用于表征类分布的标记信息稀疏，而产生的分类器通常不稳定并且泛化能力差的问题，提出了基于随机森林的二进制分层分类器，该分类器利用二进制分层分类器的自适应提取随机子空间特征，使得在树的每个节点处的特征数量取决于相关联的训练数据的数量，结果表明，性能良好。K 均值分类算法是最经典的分区算法[80]，广泛用于高光谱遥感影像分类应用中。Zhao 等[81]使用均匀光谱间距作为波段选择方法，将欧几里得距离作为 K 均值分类算法的相似度量的方法对高光谱遥感影像进行分类，得到了良好的分类精度。

半监督分类算法在高光谱遥感影像分类中取得了良好的效果。该算法主要假设是可以从（有限的）可用标记样本组中获得新的（未标记的）训练样本。为了使该策略有效，需要满足几个要求：首先，应该在没有显著成本的情况下生成新的(未标记的)训练样本；其次，为了使半监督分类器有效执行，使用的未标记样本的数量不应太高，以避免在分类阶段增加计算复杂性。换句话说，随着未标记样本数量的增加，分类器由于计算问题而正确地利用所有可用训练样本可能是不可忍受的。此外，如果未正确选择未标记的样本，则这些样本可能使分类器混淆，从而导致显著的差异，甚至降低用初始标记样本集获得的分类准确度。半监督学习领域在所采用的模型方面经历了重大演变，其中包括复杂的生成模型、自训练模型、多视图学习模型、传导 SVM 和基于图的算法。这些算法中的大多数使用某种类型的正则化，鼓励了相似特征与同类相关联。这种正则化的作用是将类之间的边界推向具有低密度的区域，其中通常采用的策略是首先将图的顶点与完整的样本集相关联，然后根据在上面定义的变量建立正则化。Bruzzone 等[82]利用标记和未标记样本来解决支持向量机的不适定问题。该方法是基于传导推断的统计学习理论的最新发展，特别是传导支持向量机。传导支持向量机利用特定的迭代算法逐步搜索可靠的分离超平面(在内核空间中)，其中转换过程在训练阶段结合了标记和未标记的样本。Dópido 等[83]开发了一种新的半监督学习算法，它使用现有的主动学习算法(受过训练的专家积极选择未标记的样本)适应自学框架，其中主动学习算法本身选择最有用和信息量最大的未标记样本用于分类。以这种方式，所选像素的标签由分类器本身估计，其优点在于与传统的机器-人体主动学习相比，使用该框架标记所选像素不需要额外的成本。Camps-Valls[84]提出了一种基于半监督图的高光谱遥感影像分类方法。该方法旨在处理高光谱遥感影像的特殊特征，即像素的高输入维度，标记样本的数量少以及光谱特征的空间可变性。为了缓解这些问题，该方法分别包含三个部分。首先，作为一种基于内核的方法，它有效地对抗维度的诅咒。其次，遵循半监督方法，它利用图像中大量未标记的样本，并通过基于图形的方法自然地对重要的样本进行标记。最后，它通过一整套复合内核整合了上下文信息。提出的方法产生了更好的分类图，其捕获由标记和未标记点共同揭示的内在结构，在不适定的分类问题(高维空间和低标记样本数)中产生了良好且稳定的准确度。

2.3　存在的问题

近年来，国内外学者对高光谱遥感影像特征提取及分类技术进行了大量的研究，然而仍然需要面对一些问题和技术难点，具体如下：

(1)噪声影像的鲁棒表达。

高光谱遥感影像在获取过程中，受到传感器、大气、光照变化等系统性能和环境因素的影响，影像存在不同形式和不同程度的噪声，这些噪声严重影响了高光谱遥感影像在实际生产中的分类精度。因此，研究一种噪声影像鲁棒表达的特征提取方法是高光谱遥感影像处理的第一个技术难点。

(2)小样本影像的鲁棒表达。

高光谱遥感影像在标记样本数目不足的情况下，即小样本问题中，获取的分类精度往往不高，很难达到生产的要求，通常需要提供充足的标记样本才能实现高的分类精度。然而高光谱遥感影像信息提取中，对样本进行标记的过程非常困难，标记样本的获取代价非常昂贵，通过增加标记样本数量提高高光谱遥感影像分类精度的方法在实际生产中是不理想的。因此，小样本影像的鲁棒表达是高光谱遥感影像处理的第二个技术难点。

（3）跨区域混合影像鲁棒表达。

高光谱遥感影像由多个光谱带中收集的数据组成，随着光谱维数的增加，向量几何空间的不断变化，光谱分辨率和空间分辨率对影像识别都有影响。如果空间分辨率太低，则容易出现跨区域混合现象，即除目标地物特征外还混合有其他地物特征，此时即使光谱分辨率非常高，图像也变得毫无意义。另外，对于低光谱分辨率，例如，只有三个通道的 RGB 图像可能无法提供足够的信息以进行准确分类，尤其是当对象的纹理和形状彼此相似时。因此，在光谱分辨率和空间分辨率取得平衡的情况下，研究一种跨区域混合影像鲁棒表达的特征提取方法是高光谱遥感影像处理的第三个技术难点。

第3章 分类优选双边滤波算法及高光谱遥感影像噪声处理

3.1 引言

高光谱遥感影像特征提取是遥感科学领域的研究热点[85][86][87]。高光谱遥感影像可以提供数十甚至数百个含有丰富地球表面的波段信息[88][89][90]。从这些信息中，有效提取特征信息[91][92][93]，对于地物识别[94][95]、场景理解[96][97]、目标检测[98][99][101]等诸多相关领域的研究具有非常重要的意义。

高光谱遥感影像特征提取最早的研究主要集中在光谱特征提取。植被覆盖指数[102]、水体密度指数[103]是最早提出的高光谱遥感影像光谱特征提取方法。这种类型特征提取的缺点是它仅单独处理每个像素而不考虑空间上下文信息。

为此，众多学者在提取高光谱遥感影像空谱特征方法上做了大量的研究。如 Jiang 等[104]提出了一种空间感知协同表示的高光谱遥感影像分类方法，为了充分利用空谱特征，提出一种封闭形式的解决方案。Li 等[105]提出了一种采用局部二进制模式来提取局部图像特征的框架，利用 Gabor 滤波提取空谱特征，使用极限学习机对高光谱遥感影像进行分类，结果表明很有效。Zhou 等[91]提出的深度学习方法使用卷积滤波器直接从高光谱遥感影像中学习来提取空谱特征，取得了非常好的效果。Pan 等[106]构建了层次引导过滤器和光谱角矩阵距离集合模型，从不同尺度迭代训练集成学习光谱和空间信息，实现了很好的泛化性能。

最近，双边滤波（BF）[107]由于能简单而有效地提取空谱特征被广泛用于高光谱遥感影像中。如 Kang 等[108]联合 BF 和引导滤波（EPF）提取高光谱遥感影像特征，提高支持向量机的性能。Shen 等[109]通过谱结构相似性引导波段子集划分，同时利用 BF 合并高光谱遥感影像空谱信息，提高了分类器的性能。Liao 等[110]提出了一种结合 BF 和像素邻域信息的监督分类算法，利用 BF 提取的空间相关信息和像素邻域信息，极大地提高了支持向量机分类算法的性能。

这些研究表明引入 BF 能有效提取高光谱遥感影像的特征。然而，BF 在模板内将会对空间距离近的非相似结构像素分配较大权重，会降低滤波的效果，影响高光谱遥感影像的特征提取。由此，本章提出了分类优选的 BF 改进算法（classified and optimized bilateral filtering，COBF），解决双边滤波的上述问题。该算法将模板内像素进行分类优选，组成新的模板，确保选取的像素应用于权重分配时，构建新的像素具有更好的特征，最后应用支持向量机(SVM)对其特征进行分类。相对于传统双边滤波，本章提出的 COBF 算法有以下优点：

（1）将模板内像素进行分类优选，组成新的模板，进一步限制空间距离近的非相似结构像素的影响，提高过滤效果；

（2）有效地提高了分类器的性能，提高了高光谱遥感影像的分类精度，同时与一些传统分类方法比较，提出的方法简单有效。

本章接下来的结构如下：第 3.2 节简要介绍双边滤波的原理。第 3.3 节针对双边滤波在模板内将会对空间距离近的非相似结构像素分配较大权重存在的局限问题进行分析，给出相应的解决方案，并详细介绍了提出的 COBF 算法，以及将该算法应用到在高光谱遥感影像特征提取中。第 3.4 节通过在 Indian Pines、Salinas 和 University of Pavia 三个真实高光谱遥感影像的实验，验证算法的有效性，并和前沿的高光谱遥感影像特征提取算法和分类算法进行客观对比。第 3.5 节对算法进行总结。

3.2　双边滤波的原理

双边滤波是通过空间距离和像素值距离加权限制非相似结构像素的影响。具体公式如下：

$$O_s = \frac{1}{Z_s} \sum_{t \in N_s} \omega_{s,t} I_t \tag{3-1}$$

$$\omega_{s,t} = G_{\delta_\alpha}(\|s - t\|) \, G_{\delta_\gamma}(\|I_s - I_t\|) \tag{3-2}$$

$$Z_s = \sum_{t \in N_s} G_{\delta_\alpha}(\|s - t\|) \, G_{\delta_\gamma}(\|I_s - I_t\|) \tag{3-3}$$

其中，$\omega_{s,t}$ 表示像素 t 的权重，N_s 表示窗口大小为 $(2\delta_\alpha + 1) \times (2\delta_\alpha + 1)$ 的模板，s 表示目标像素的位置，t 表示任意像素的位置，I_s 和 I_t 分别表示位置 s 和 t 的像素值，δ_α 和 δ_γ 分别表示滤波的大小和模糊度。$G_{\delta_\alpha}(\|s - t\|)$ 是空间距离函数，$G_{\delta_\gamma}(\|I_s - I_t\|)$ 是像素值距离函数，这两个函数使用高斯递减函数来定义：

$$G_{\delta_\alpha}(\|s - t\|) = \exp\left(\frac{-\|s - t\|^2}{2\,\delta_\alpha^2}\right) \tag{3-4}$$

$$G_{\delta_\gamma}(\|I_s - I_t\|) = \exp\left(\frac{-\|I_s - I_t\|^2}{2\,\delta_\gamma^2}\right) \tag{3-5}$$

从式(3-1)至式(3-5)及图 3-1 可以看出，空间距离很小，即 $\|s - t\|$ 很小，同时像素值距离很小，即 $\|I_s - I_t\|$ 很小时，对输出值的影响很大。换一句话说，空间距离很大的非结构相似像素，对输出值影响非常小。

图 3-1　双边滤波相邻像素对输出值权重影响示意图

3.3　提出的算法

3.3.1　COBF 算法

如图 3-2 所示，双边滤波在模板内对像素进行加权平均，不可避免地对非相似结构像素(浅色部分)进行分配权重，尤其是对空间距离近的非相似结构像素分配较大的权重，将会大大减少相似结构像素的权重所占的比例，从而影响良好的图像特征提取。

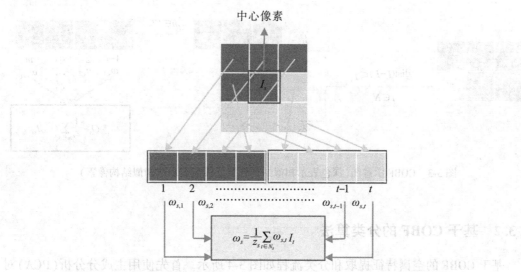

图 3-2　双边滤波示意图(深色是相似结构的像素、浅色是非相似结构的像素)

因此，为了减少模板内非相似结构像素的影响，本章在双边滤波的基础上，根据模板内像素情况进行分类优选，选取模板内类别结构相似度大的像素，生成新的模板，在新模板内进行加权平均。具体步骤如下：

首先，在模板内，计算每个像素到目标像素的灰度值距离，并取其均值：

$$Y_s = \frac{1}{(2\delta_\alpha + 1)(2\delta_\alpha + 1)} \sum_{t \in N_s} \text{dist}(I_s - I_t) \qquad (3\text{-}6)$$

其中，Y_s 是模板内每个像素到目标像素的像素值距离的平均值，N_s 是模板，$\text{dist}(I_s - I_t)$ 是模板内目标像素到任意像素的像素值距离。

其次，在模板内以 Y_s 作为阈值进行分类优选，选择 $\text{dist}(I_s - I_t) \leqslant Y_s$ 的像素生成一个新的模板 N'_s：

$$N'_s = \begin{cases} 1 & \text{dist}(I_s - I_t) \leqslant Y_s \\ 0 & \text{dist}(I_s - I_t) > Y_s \end{cases} \qquad (3\text{-}7)$$

最后，COBF 的表达式为：

$$O'_s = \frac{1}{Z_s} \sum_{t' \in N'_s} \omega_{s,t'} I_{t'} \qquad (3\text{-}8)$$

$$\omega'_{s,t'} = G_{\delta_\alpha}(\|s - t'\|) G_{\delta_\gamma}(|I_s - I_{t'}|) \qquad (3\text{-}9)$$

$$Z_s = \sum_{t \in N'_s} G_{\delta_\alpha}(\|s - t'\|) G_{\delta_\gamma}(|I_s - I_{t'}|) \qquad (3\text{-}10)$$

如图 3-3 所示，经过分类优选，新模板 N'_s 保留了结构相似的像素，极大限制了结构差异较大的像素，从而提高了结构相似像素对输出值的影响。

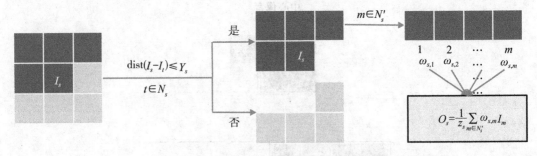

图 3-3　COBF 示意图 (深色表示相似结构像素、浅色表示非相似结构像素)

3.3.2　基于 COBF 的分类算法

基于 COBF 的空谱特征提取和分类流程如图 3-4 所示。首先使用主成分分析 (PCA) 对高光谱遥感影像进行降维处理，然后使用 COBF 算法对 PCA 特征进行过滤，最后为了验证 COBF 特征提取的有效性，使用 SVM 对 COBF 算法提取的特征进行分类。算法 3-1 描述了基于 COBF 的高光谱遥感影像特征提取算法的具体过程。

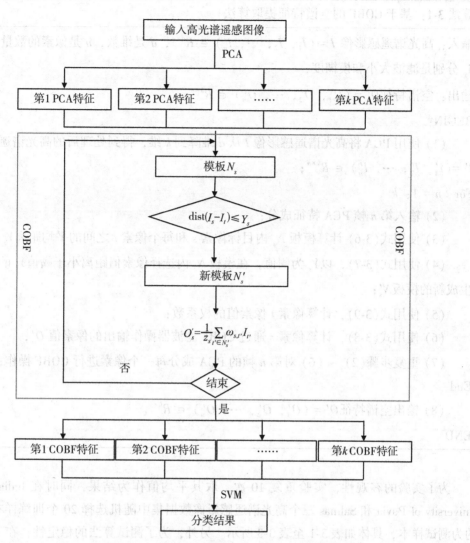

图 3-4　基于 COBF 的高光谱遥感影像特征提取和分类流程图

3.4　实验

在这项研究中，提出的 COBF 分类算法和几种分类算法比较，包括 SVM[111]，PCA-BF-SVM[108]，EPF-SVM[108]，LBP-SVM[105]，HiFi[106] 和 SSN[91]。SVM 算法在 libsvm[112] 库中使用五重交叉实现验证。其他算法使用参考文献中默认的参数。

3.4.1　数据集描述

为了验证提出算法的有效性，本章对 Indian Pines、University of Pavia、Salinas 三个真实的遥感影像数据进行实验。

算法 3-1：基于 COBF 的空谱特征提取算法

输入：高光谱遥感影像 $I = (I_1, I_2, \cdots, I_n) \in R^{d \times n}$，$d$ 是维数，n 是像素的数量，δ_α 和 δ_γ 分别是滤波大小和模糊度；

输出：空谱特征 $O' = (O'_1, O'_2, \cdots, O'_n) \in R^{k \times n}$；

BEGIN：

（1）使用 PCA 将高光谱遥感影像 I 从 d 维降到 k 维，得到处理后的高光谱遥感影像 $I' = (I'_1, I'_2, \cdots, I'_n) \in R^{k \times n}$；

For　$n = 1$：k

（2）输入第 n 帧 PCA 特征成分；

（3）使用式(3-6)计算模板 N_s 内目标像素 s 和每个像素 t 之间的平均距离 Y_s；

（4）使用式(3-7)，以 Y_s 为阈值，在模板 N_s 内选择像素值距离小于阈值 Y_s 的像素，生成新的模板 N'_s；

（5）使用式(3-9)，计算像素 t 像素值的权系数；

（6）使用式(3-8)，计算像素 s 通过 COBF 滤波器操作输出的像素值 O'_s；

（7）重复步骤（2）~（6）对第 n 帧的 PCA 成分每一个像素进行 COBF 操作；

End

（8）输出空谱特征 $O' = (O'_1, O'_2, \cdots, O'_n) \in R^{k \times n}$。

END

为了实验的客观性，实验重复 10 次，取其平均值作为结果，同时在 Indian Pines、University of Pavia 和 Salinas 三个高光谱遥感影像数据集中随机选择 20 个训练样本，剩下的为测试样本，具体如表 3-1 至表 3-3 所示。另外，为了测试算法的稳定性，在三个数据集中随机选择 10~50 个作为训练样本，剩下的为测试样本，具体如表 3-4 至表 3-6 所示。当类别样本数量的 1/2 少于随机样本数时，取该类样本数量的 1/2 作为该类别的训练样本，其余作为测试样本。

3.4.2　评价指标

高光谱遥感影像进行分类后，需要根据现实中的真实地类对分类结果的精确度进行客观评估。本章采用了总体分类精度(Overall Accuracy，OA)、平均分类精度(Average Accuracy，AA)和 Kappa 系数三个常用的高光谱遥感影像分类评估指标进行评估。

总体分类精度表示高光谱遥感影像分类结果和真实地类相一致的概率。具体公式为：

$$OA = \sum_{i=1}^{C} M_{ij}/N \tag{3-11}$$

其中，C 代表地类的数量，M 是一个 $C \times C$ 的混淆矩阵，M_{ij} 是类别 j 被识别为 i 的样本数量，N 表示所有测试样本的数量。

平均分类精度表示高光谱遥感影像每个类别正确分类概率的平均数。具体公式为：

$$AA = \left(\sum_{i=1}^{C} \left(M_{ij} / \sum_{j=1}^{C} M_{ij} \right) \right) / C \tag{3-12}$$

Kappa 系数用于估计识别精度时考虑不确定性对分类结果的影响。具体公式为：

$$Kappa = \left(N \left(\sum_{i=1}^{C} M_{ii} \right) - \sum_{i=1}^{C} \left(\sum_{j=1}^{C} M_{ij} \sum_{j=1}^{C} M_{ji} \right) \right) / \left(N^2 - \sum_{i=1}^{C} \left(\sum_{j=1}^{C} M_{ij} \sum_{j=1}^{C} M_{ji} \right) \right) \tag{3-13}$$

3.4.3 参数设置

本章提出的算法涉及三个重要的参数：特征维数 k，滤波大小 δ_α 和模糊度 δ_γ。如图 3-5 所示，分析了以上三个参数在 University of Pavia 影像中对 SVM 分类器总体分类精度的影响（k 从 5 到 50，δ_α 从 2 到 30，δ_γ 从 0.02 到 1）。当分析 k 的影响时，δ_α 固定为 20，δ_γ 固定为 0.08。同理，分析 δ_α 和 δ_γ 也是类似相同的方式。当 $k = 30$ 时，提出的方法获得最高的总体分类精度，假如 k 过大，有太多冗余，过小，则有用信息丢失。当 $\delta_\alpha = 20$ 时，取得理想的效果，假如 δ_α 过小，有用空间信息被忽略，过大，太多无用信息被获取。$\delta_\gamma = 0.08$ 时，分类性能最好，假如 δ_γ 过小，图像结果不够平滑，过大，图像结果过于平滑。因此，本章在所有实验中，参数都设置为：$k = 30$，$\delta_\alpha = 20$，$\delta_\gamma = 0.08$。

3.4.4 实验结果

实验结果表明 COBF 算法改进效果很明显。从表 3-1 至表 3-3 和图 3-6 至图 3-8 可以看出，COBF 算法优于 BF-SVM 算法，在 Indian Pines、University of Pavia 和 Salinas 三个场景中，COBF 算法总体分类精度比 BF-SVM 算法分别高 12.29%、4.88% 和 7.30%，同时比改进后的 EPF-SVM 算法分别高 8.83%、6.23% 和 8.35%。

COBF 分类算法优于一些先进的算法。从表 3-1 至表 3-3 和图 3-6 至图 3-8 可以看出，在所有比较的算法中，COBF 算法的总体分类精度最高。与 LBP-SVM、HiFi 和 SNN 三种算法比较，在 Indian Pines 中分类精度分别比其他三种算法高 3.67%、2.04% 和 1.44%，在 Salinas 中分类精度分别比其他三种算法高 2.78%、7.14% 和 2.03%，在 University of Pavia 中分类精度分别比其他三种算法高 12.06%、6.87% 和 0.88%。

COBF 分类算法具有较强的鲁棒性。从表 3-4 至表 3-6 可以看出，训练样本 10~50 个，总体分类精度也随着提高，而且 COBF 分类算法都得到最高的总体分类精度，和其他分类算法相比都能超过 0.8%，这是非常不容易的，尤其是当分类精度达到 95% 之后。值得注意的是在 University of Pavia 中，在只有很少的 10 个训练样本的情况下，总体分类精度就能达到 90.55% 的高精度，在 Salinas 中更是达到了 96.03% 的高精度，几乎能完全区分真实地物，这在实际工作中很有意义。

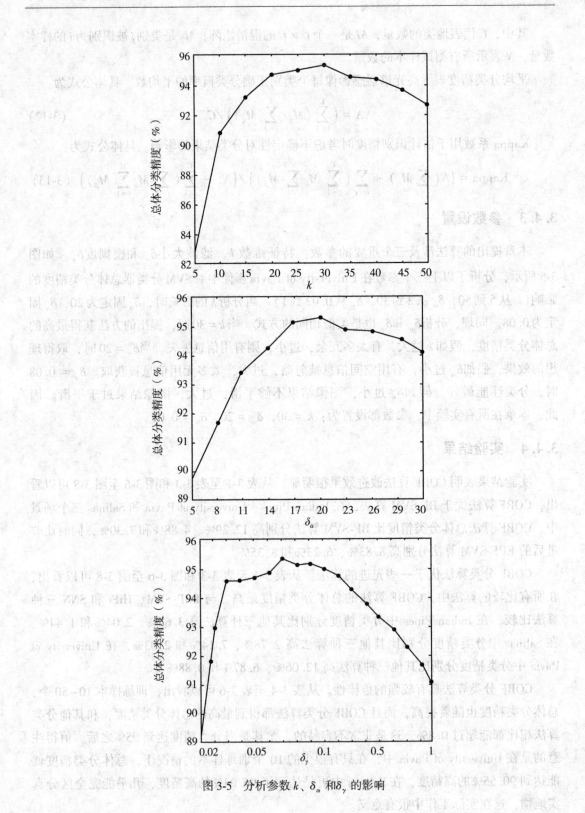

图 3-5　分析参数 k、δ_α 和 δ_γ 的影响

表 3-1

Indian Pines 数据集分类精度

地物类别	训练样本	测试样本	SVM	BF-SVM	EPF-SVM	LBP-SVM	HiFi	SNN	COBF
苜蓿草地	20	26	55.00%	54.17%	57.78%	46.58%	100.00%	97.06%	65.00%
未耕玉米地	20	1408	52.16%	82.97%	85.80%	89.95%	84.94%	89.04%	82.80%
玉米幼苗地	20	810	63.35%	62.12%	89.35%	86.70%	93.09%	86.61%	76.95%
玉米地	20	217	53.33%	67.48%	43.06%	91.85%	87.10%	100.00%	89.50%
修剪过的草地/牧场	20	463	82.80%	79.92%	92.93%	88.72%	92.01%	95.81%	82.82%
草地/树林	20	710	85.91%	93.35%	91.93%	85.70%	97.61%	98.07%	97.63%
草地/牧场	14	14	37.14%	32.56%	82.35%	30.00%	100.00%	100.00%	60.87%
干草/料堆	20	458	97.89%	100.00%	100.00%	88.49%	99.78%	100.00%	100.00%
燕麦	10	10	27.27%	32.00%	100.00%	13.89%	100.00%	100.00%	66.67%
未耕大豆地	20	952	57.38%	56.25%	66.32%	74.14%	93.70%	89.03%	88.81%
大豆幼苗	20	2435	71.57%	89.12%	92.13%	97.06%	78.52%	81.50%	97.44%
整理过的大豆地	20	573	37.88%	72.47%	52.77%	85.89%	94.24%	90.07%	96.63%
小麦	20	185	88.14%	92.86%	100.00%	83.12%	99.46%	100.00%	100%
木类	20	1245	92.55%	98.03%	96.94%	99.84%	98.23%	96.39%	100%
建筑	20	366	39.31%	78.71%	88.99%	95.87%	93.99%	99.17%	100%
石头	20	73	95.77%	87.80%	87.95%	78.43%	100.00%	100.00%	97.30%
总体分类精度			66.27%	79.57%	83.03%	88.70%	89.82%	90.42%	91.86%

表 3-2　**University of Pavia 数据集分类精度**

地物类别	训练样本	测试样本	SVM	BF-SVM	EPF-SVM	LBP-SVM	HiFi	SNN	COBF
柏油马路	20	18629	87. 52%	95. 46%	98. 05%	84. 36%	80. 40%	86. 55%	96. 99%
草地	20	2079	91. 00%	98. 03%	97. 40%	97. 98%	89. 74%	97. 33%	98. 94%
砂砾	20	3044	61. 72%	81. 61%	89. 16%	72. 93%	82. 92%	81. 43%	83. 14%
树木	20	1325	70. 10%	75. 43%	96. 20%	51. 19%	83. 64%	94. 35%	92. 95%
金属板	20	5009	98. 42%	93. 01%	95. 05%	86. 32%	99. 17%	100. 00%	100. 00%
裸土	20	1310	46. 04%	71. 57%	64. 27%	75. 02%	89. 72%	98. 92%	97. 60%
柏油屋顶	20	3662	54. 64%	84. 60%	58. 20%	76. 85%	96. 79%	99. 24%	90. 34%
砖块	20	927	80. 23%	76. 97%	76. 20%	78. 43%	92. 55%	90. 85%	84. 51%
阴影	20	170	100. 00%	100. 00%	99. 89%	45. 34%	99. 46%	98. 71%	92. 65%
总体分类精度			75. 73%	88. 05%	87. 00%	81. 82%	88. 48%	94. 47%	95. 35%

表 3-3　**Salinas 数据集分类精度**

地物类别	训练样本	测试样本	SVM	BF-SVM	EPF-SVM	LBP-SVM	HiFi	SNN	COBF
野草 1	20	1989	98.05%	100.00%	100.00%	99.40%	98.49%	100.00%	100.00%
野草 2	20	3706	99.37%	100.00%	99.89%	99.26%	98.70%	99.03%	100.00%
休耕地	20	1956	91.22%	96.54%	94.91%	97.92%	99.80%	100.00%	100.00%
粗糙的休耕地	20	1374	97.68%	91.30%	97.86%	83.89%	97.45%	99.42%	97.17%
平滑的休耕地	20	2658	97.00%	99.10%	99.96%	97.28%	88.75%	98.95%	97.37%
残株	20	3939	100.00%	100.00%	99.92%	95.13%	99.59%	99.97%	100.00%
芹菜	20	3559	99.94%	99.44%	100.00%	94.66%	96.60%	99.58%	100.00%
野生的葡萄	20	11251	72.98%	87.53%	82.04%	91.57%	82.13%	85.19%	95.63%
正在开发的葡萄园土壤	20	6183	98.59%	98.75%	99.48%	99.97%	99.97%	100.00%	100.00%
开始衰老的玉米地	20	3258	79.39%	91.66%	85.06%	99.04%	87.97%	93.83%	94.69%
长叶莴苣 4wk	20	1048	93.65%	94.08%	98.21%	98.96%	96.18%	100.00%	100.00%
长叶莴苣 5wk	20	1907	94.34%	99.74%	100.00%	99.89%	99.48%	100.00%	99.68%
长叶莴苣 6wk	20	896	93.37%	96.61%	96.10%	92.64%	97.21%	100.00%	93.66%
长叶莴苣 7wk	20	1050	92.29%	89.02%	99.20%	95.97%	92.67%	99.90%	99.13%
未结果实的葡萄园	20	7248	54.30%	77.53%	73.97%	83.00%	73.17%	95.18%	94.35%
葡萄园小路	20	1787	94.44%	97.15%	99.49%	99.17%	96.75%	96.92%	100.00%
总体分类精度			84.97%	92.76%	91.41%	93.97%	90.50%	95.61%	97.64%

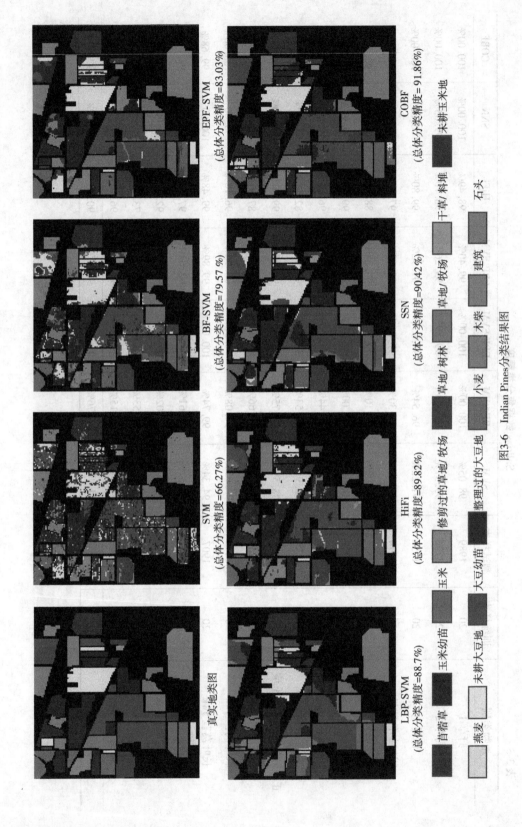

图3-6　Indian Pines 分类结果图

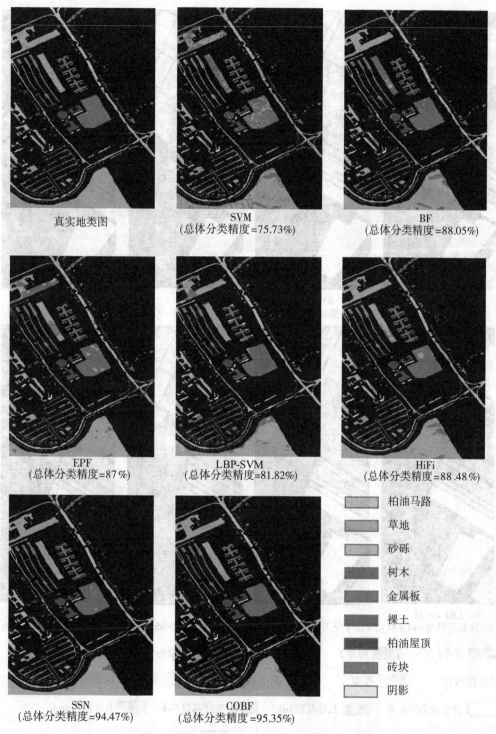

真实地类图

SVM
(总体分类精度=75.73%)

BF
(总体分类精度=88.05%)

EPF
(总体分类精度=87%)

LBP-SVM
(总体分类精度=81.82%)

HiFi
(总体分类精度=88.48%)

SSN
(总体分类精度=94.47%)

COBF
(总体分类精度=95.35%)

柏油马路
草地
砂砾
树木
金属板
裸土
柏油屋顶
砖块
阴影

图 3-7　University of Pavia 分类结果图

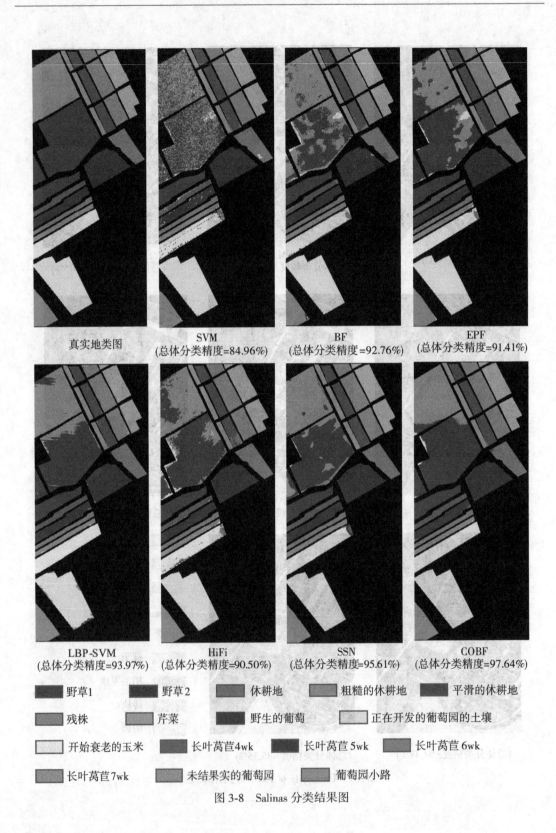

图 3-8　Salinas 分类结果图

表 3-4 不同数量训练样本在 Indian Pines 数据集中的分类精度

每类训练样本数量	SVM	BF-SVM	EPF-SVM	LBP-SVM	HiFi	SSN	COBF
	总体分类精度	总体分类精度	总体分类精度	总体分类精度	总体分类精度	总体分类精度	总体分类精度
10	57.43%	67.96%	69.32%	80.49%	81.08%	81.21%	83.84%
20	66.27%	79.57%	83.03%	88.70%	89.82%	90.42%	91.86%
30	73.31%	85.00%	87.41%	92.01%	91.65%	92.50%	94.27%
40	75.94%	87.42%	89.63%	94.85%	93.63%	94.17%	95.47%
50	78.66%	90.15%	92.41%	95.58%	93.44%	95.79%	96.59%

表 3-5 不同数量训练样本在 University of Pavia 数据集中的分类精度

每类训练样本数量	SVM	BF-SVM	EPF-SVM	LBP-SVM	HiFi	SSN	COBF
	总体分类精度	总体分类精度	总体分类精度	总体分类精度	总体分类精度	总体分类精度	总体分类精度
10	67.02%	76.44%	73.76%	70.35%	81.83%	89.44%	90.55%
20	75.73%	88.05%	87.00%	81.82%	88.48%	94.47%	95.35%
30	78.95%	89.37%	88.97%	85.75%	88.64%	96.48%	96.75%
40	82.30%	92.41%	92.19%	89.39%	90.22%	96.75%	97.79%
50	83.78%	93.9%	93.57%	90.34%	90.94%	97.64%	98.78%

表 3-6　不同数量训练样本在 Salinas 数据集中的分类精度

每类训练样本数量	SVM	BF-SVM	EPF-SVM	LBP-SVM	HiFi	SSN	COBF
	总体分类精度	总体分类精度	总体分类精度	总体分类精度	总体分类精度	总体分类精度	总体分类精度
10	82.64%	89.44%	87.71%	89.65%	86.53%	92.61%	96.03%
20	84.96%	92.76%	91.41%	93.97%	90.50%	95.61%	97.64%
30	86.42%	93.71%	92.70%	96.18%	92.08%	96.70%	97.98%
40	86.20%	94.02%	92.73%	96.86%	92.67%	97.67%	98.91%
50	87.70%	95.04%	94.15%	97.91%	93.59%	98.33%	99.22%

3.5　结论

本章提出 COBF 算法，并应用到高光谱遥感影像特征提取中。该算法通过在双边滤波模板内分类优选，选出结构相似像素生成新模板，排除非结构相似像素对滤波的影响，提高高光谱遥感影像特征提取效果。在三个真实的高光谱遥感影像中，实验结果显示提出的基于 COBF 特征提取的分类算法的分类精度高，当每类训练样本个数仅为 20 时，在 Indian Pines, Salinas 和 University of Pavia 三个场景中分别得到 91.86%, 97.64% 和 95.35% 的高精度。本章提出的基于 COBF 特征提取算法简单有效，优于传统的算法。

第4章 三边平滑滤波算法及高光谱
遥感影像噪声处理

4.1 引言

当前，卫星传感器，如机载可见光、红外线成像仪，能有效获取高光谱遥感影像[113]，为区分不同的地物提供详细特征信息[115][116]。如何通过有效提取高光谱遥感影像特征信息进行物质识别[117][118]是当前遥感及其他应用领域的一个非常重要的课题[119][120]。

为此，众多学者在滤波[121]提取高光谱遥感影像特征方法上做了大量的研究。Li等[122]在PCA投影子空间里利用Gabor滤波从高光谱遥感影像样本中提取有效特征并运用SVM进行分类，证实了Gabor滤波提取高光谱遥感影像特征的性能。Shen等[123]提出三维Gabor滤波提取高光谱遥感影像特征的方法，在不同频率和方向提取空谱域变化的特征，提高高光谱遥感影像分类性能。Bruce等[124]提出二维离散小波变换提取高光谱遥感影像特征的方法，用于从高维数据空间进行特征提取，证明了小波提取的高光谱遥感影像特征具有强的可分性。Hsu等[125]提出匹配追踪算法，使用"贪婪"策略从高度冗余的小波字典迭代地找到高光谱遥感影像数据的自适应和最佳表示，提取了高光谱遥感影像分类的有用特征。Zhou等[91]提出深度学习方法使用卷积滤波器直接从高光谱遥感影像中学习来提取空谱特征，取得了非常好的效果。Pan等[106]构建了层次引导过滤器和光谱角矩阵距离集合模型，从不同尺度迭代训练集成学习高光谱遥感影像光谱和空间信息，实现很好的泛化性能。Yu等[126]提出了多尺度光谱-空间上下文感知传播滤波器，从多个视图提取高光谱遥感影像生成光谱空间特征。Wei等[127]提出了一种称为光谱空间响应的分层深度框架，使用由边缘Fisher分析和PCA简单学习的模板来学习高光谱遥感影像联合光谱和空间特征。Teng等[128]提出了一种利用自适应形态滤波和辅助彩色图像融合结构信息的高光谱遥感影像恢复方法，通过信息融合生成每个像素形态特征的自适应结构元素，同时去除混合噪声，保留精细的空间特征。

最近，Tomasi等[129]提出一种通过邻域内像素间的空间临近测度函数和灰度相似测度函数决定滤波权值系数的双边滤波算法。该算法是一种边缘保持滤波算法，由于能简单有效地利用空间特征信息，被应用到高光谱遥感影像特征提取中。如Kang等[108]提出边缘保持滤波算法，通过PCA对高光谱遥感影像进行降维，然后利用双边滤波与引导滤波的边缘保持特性，提取空间与光谱信息特征，保持了较强的空间结构，分类器性能得到显著提高。Wang等[130]提出一种联合双边滤波和图形切分割的高光谱遥感影像的分类方法，有效提取空谱特征。Sahadevan等[131]应用双边滤波将高光谱遥感影像空间特征信息整合到光谱特征中，提高支持向量机分类器的准确性。Shen 等[109]通过谱结构相似性引导波段子集划分，同时利用双边滤波合并光谱空间信息，提高了分类器的性能。

这些研究表明引入双边滤波技术能有效提取高光谱遥感影像的特征。然而，高光谱遥感影像在获取过程中，受传感器、大气、光照变化等因素的影响[132]，图像常会存在大量复杂噪声。双边滤波在执行滤波过程中，将经常出现邻域中心点为噪声点的情况。此时，一方面双边滤波的空间邻近度函数对噪声不敏感，无法抑制噪声的影响，另一方面，灰度相似度测量函数对噪声敏感，但当邻域内中心为噪声点时，不能很好地表达像素之间的实际相似性，影响滤波的效果。

由此，本章提出了一种基于三边平滑滤波（Trilateral Smooth Filtering，TRSF）的高光谱遥感影像分类算法，在双边滤波的基础上加入邻域均值相似性判断函数。具体的流程如图 4-1 所示，首先使用 PCA 对高光谱遥感影像进行降维处理，然后使用 TRSF 算法对 PCA 特征进行过滤，最后为了验证 TRSF 特征提取的有效性，使用 SVM 分类器对 TRSF 算法提取的特征进行分类。提出的算法贡献如下：

（1）解决双边滤波在高光谱遥感影像中空间临近测度函数对噪声不敏感的问题；

（2）解决双边滤波在执行滤波过程中，邻域中心为噪声点时，灰度相似度测量函数不能很好地表达像素之间的实际相似性的不足；

（3）提高高光谱遥感影像特征提取有效性，同时提高分类器的分类精度。

本章接下来的结构如下：第 4.2 节详细介绍了提出的基于三边平滑滤波方法，并针对双边滤波邻域中心为噪声点时存在的问题进行分析，给出相应的解决方案，以及将提出的算法应用到高光谱遥感影像中；第 4.3 节通过 Indian Pines、Salinas 和 University of Pavia 三个真实的高光谱遥感影像实验，验证算法的有效性，并和前沿的高光谱遥感影像特征提取算法和分类算法进行客观对比；第 4.4 节对算法进行总结。

4.2 提出的方法

双边滤波在执行滤波过程中，由于高光谱遥感影像通常含有大量的复杂噪声，因此邻域中心像素点往往也是噪声点。从第 3 章式（3-4）可以看出，双边滤波的空间临近测度函数对噪声并不敏感，即邻域像素点的噪声污染程度无法通过空间距离大小进行测度，如图 4-2(a) 中邻域内噪声点 x_{18} 与中心像素点 x_{25} 距离最近，$G_{\delta_\alpha}(\|s-t\|)$ 的值最大，即该噪声点对输出值的影响最大。因此，双边滤波空间临近测度函数不能很好地抑制噪声对输出值的影响。另外，双边滤波灰度相似度测度函数对噪声是敏感的，同种物质，灰度差越大，噪声也越大，但当邻域中心像素为噪声点时，灰度相似度测度函数会对噪声产生误判，不能很好地表达像素之间的实际相似性。如图 4-2(a) 所示，邻域内带噪声的中心像素 x_{25} 与蓝色无噪声的相邻像素点的空间距离是固定的，由于中心像素 x_{25} 受噪声的影响，与蓝色无噪声的相邻像素的像素值距离变大了，对输出值影响变小。换句话说，带噪声的像素点对输出值的影响变大，此时抑制噪声效果受到影响。因此，当邻域中心像素为噪声点时，双边滤波的灰度相似度测量函数也不能很好地抑制噪声对输出值的影响。为了缓解

35

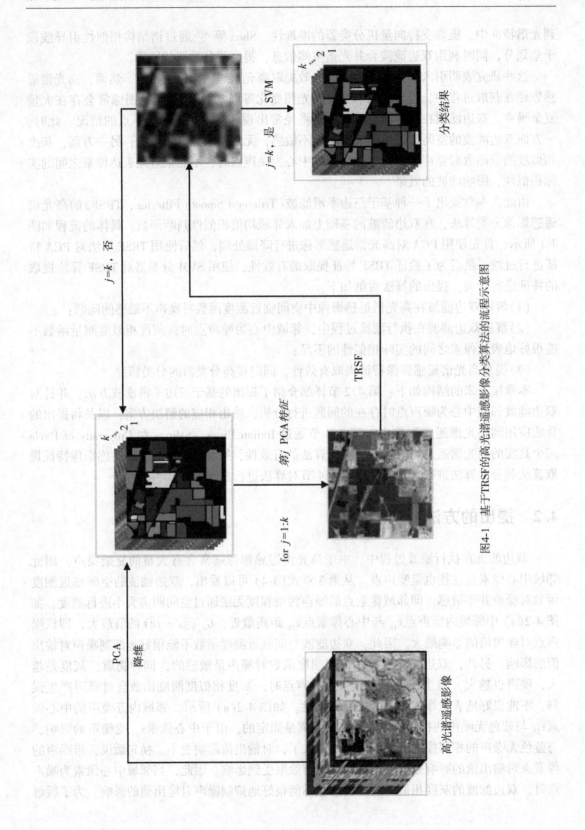

图4-1 基于TRSF的高光谱遥感影像分类算法的流程示意图

以上问题，本章提出了基于三边平滑滤波的高光谱遥感影像特征提取算法。该方法在计算滤波器权重时，加入邻域均值相似性判断函数，使得滤波器输出可以表示为：

$$O_s = \frac{1}{Z_s} \sum_{t \in N_s} \omega_{s,t} I_t \tag{4-1}$$

$$\omega_{s,t} = G_{\delta_m}(\|I_t - I_{s\_mean}\|) G_{\delta_\gamma}(\|I_s - I_t\|) G_{\delta_\alpha}(\|s - t\|) \tag{4-2}$$

$$Z_s = \sum_{t \in N_s} G_{\delta_m}(\|I_t - I_{s\_mean}\|) G_{\delta_\gamma}(\|I_s - I_t\|) G_{\delta_\alpha}(\|s - t\|) \tag{4-3}$$

其中，

$$G_{\delta_\gamma}(\|I_s - I_t\|) = \exp\left(\frac{-\|I_s - I_t\|^2}{2\delta_\gamma^2}\right) \tag{4-4}$$

$$G_{\delta_m}(\|I_t - I_{s\_mean}\|) = \exp\left(\frac{-\|I_s - I_{s\_mean}\|^2}{2\delta_m^2}\right) \tag{4-5}$$

$$G_{\delta_\alpha}(\|s - t\|) = \exp\left(\frac{-(\|s - t\|)^2}{2\delta_\alpha^2}\right) \tag{4-6}$$

式中，I_{s_mean} 是以 s 为中心的邻域 N_s 内包含 $(2\delta_a + 1) \times (2\delta_a + 1)$ 个相邻像素的均值，数学表达式为：

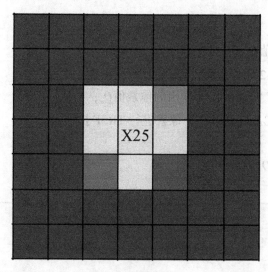

（a）中心像素有噪声 　　（b）位置分布

图4-2　邻域像素集内带噪声的示意图
（四方形为7×7的相邻像素集，蓝色为无噪声像素，其他颜色表示带不同类型噪声的像素）

$$I_{s\_mean} = \frac{1}{(2w+1) \times (2w+1)} \sum_{t \in N_s} I_t \tag{4-7}$$

从式(4-1)至式(4-7)可以看出，式(4-2)确保了邻域内中心点为噪声点时，得到更平稳的输出。如图4-2(a)所示，对于邻域内噪声点，如x_{18}、$\|x_{25} - x_{18}\|$ 和$\|I_{x_{25}} - I_{x_{18}}\|$都

较大，因此噪声点 x_{18} 对输出值影响最大，而加入邻域均值相似性判断函数 $G_{\delta_\gamma}(\|I_t - I_{s\_mean}\|)$，降低了噪声点 x_{18} 在邻域中的权重，对噪声起到了抑制的作用。

算法 4-1 描述了基于 TRSF 高光谱遥感影像特征提取算法的具体过程，该算法主要分为两个步骤，第一步，使用 PCA 对高光谱遥感影像数据转换到低维空间，降低影像的维度和去除谱间冗余信息，获取影像的主要成分；第二步，利用 TRSF 滤波算法对每一帧的 PCA 特征进行过滤，提取高光谱遥感影像特征。

算法 4-1：基于 TRSF 高光谱遥感影像特征提取算法

输入：高光谱遥感影像 $I = (I_1, I_2, \cdots, I_n) \in R^{d \times n}$，$d$ 是维数，n 是像素的数量；滤波窗口大小 δ_a 和值域高斯函数标准差 δ_m 和 δ_γ。

输出：空谱特征 $O = (O_1, O_1, \cdots, O_1) \in O^{k \times n}$。

BEGIN：

　（1）使用 PCA 将高光谱遥感影像 I 从 d 维降到 k 维，得到处理后的高光谱遥感影像 $I = (I'_1, I'_2, \cdots, I'_n) \in R^{k \times n}$；

For　$j = 1$：k

　　（2）输入第 j 帧 PCA 特征成分；

　　（4）使用式(4-7)计算模板的像素平均值 I_{s_mean}；

　　（5）使用式(4-4)、(4-5)、(4-6)和(4-2)计算像素 t 灰度值的权系数；

　　（6）使用式(4-1)计算像素 s 通过 TRSF 滤波器操作输出的像素值 O_s；

　　（7）重复步骤(2)～(6)对第 j 帧的 PCA 成分每一个像素进行 TRSF 操作；

End

　（8）输出图像特征 $O = (O_1, O_1, \cdots, O_1) \in O^{k \times n}$。

END

4.3　实验

本章提出 TRSF 分类算法和几种当前流行的分类算法进行比较。包括 SVM[111]，PCA-BF[108]，EPF[108]，LBP-SVM[105]，HiFi[106]，SSN[91] 和 R-VCANet-SVM[134]。SVM 算法在 libsvm[112] 库中使用五重交叉实现验证。其他方法使用原参考文献参数。

4.4.1　数据集描述

为了验证提出方法的有效性，本章对 Indian Pines、University of Pavia、Salinas 三个真实的图像数据进行实验。

为了验证提出方法的性能，从三个高光谱遥感影像实验数据中每类地物随机选择 20 个标签样本作为训练样本，剩下的作为测试样本，具体如表 4-1 至表 4-3 所示。为了验证提出算法在训练样本充足和不足的情况下的分类性能，从三个数据集中每类随机选择 10~50 个作为训练样本，剩下的作为测试样本，具体如表 4-4 至表 4-6 所示。当类别样本数量的 1/2 少于随机样本数时，取该类样本数量的 1/2 作为该类别的训练样本，其余作为测试样本。为了实验的客观性，实验重复 10 次，取其平均值作为结果。

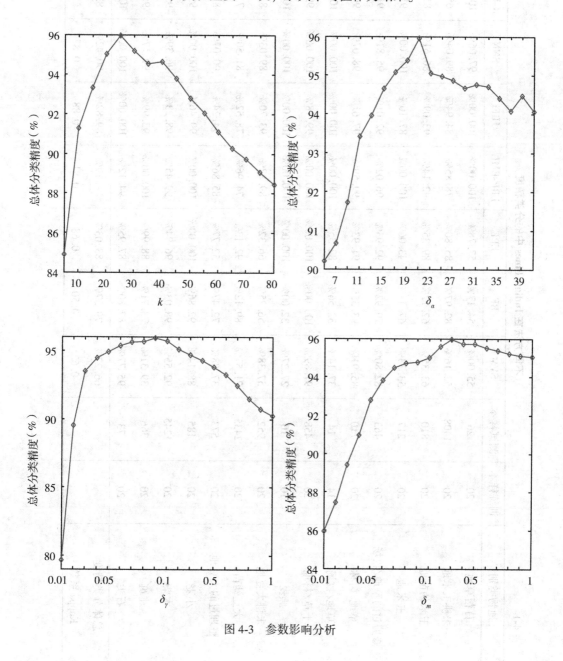

图 4-3　参数影响分析

第 4 章 三边平滑滤波算法及高光谱遥感影像噪声处理

表 4-1 不同方法在 Indian Pines 中的分类精度

地物类别	训练样本	测试样本	SVM	BF	EPF	LBP-EML	HiFi	SNN	R-VCANet	TRSF
苜蓿草地	20	26	55.00%	54.17%	57.78%	100.00%	100.00%	97.06%	100.00%	44.07%
未耕玉米地	20	1408	52.16%	82.97%	85.80%	78.85%	84.94%	89.04%	65.41%	91.77%
玉米幼苗地	20	810	63.35%	62.12%	89.35%	92.14%	93.09%	86.61%	85.31%	95.68%
玉米地	20	217	53.33%	67.48%	43.06%	100.00%	87.10%	100.00%	97.24%	82.54%
修剪过的草地/牧场	20	463	82.80%	79.92%	92.93%	96.02%	92.01%	95.81%	91.36%	92.04%
草地/树林	20	710	85.91%	93.35%	91.93%	99.59%	97.61%	98.07%	96.48%	97.23%
草地/牧场	14	14	37.14%	32.56%	82.35%	100.00%	100.00%	100.00%	100.00%	70.00%
干草地/料堆	20	458	97.89%	100.00%	100.00%	100.00%	99.78%	100.00%	99.13%	100.00%
燕麦	10	10	27.27%	32.00%	100.00%	100.00%	100.00%	100.00%	100.00%	100.00%
未耕大豆地	20	952	57.38%	56.25%	66.32%	89.87%	93.70%	89.03%	83.61%	76.46%
大豆幼苗	20	2435	71.57%	89.12%	92.13%	74.96%	78.52%	81.50%	71.79%	96.39%
整理过的大豆地	20	573	37.88%	72.47%	52.77%	85.86%	94.24%	90.07%	87.43%	87.77%
小麦	20	185	88.14%	92.86%	100.00%	100.00%	99.46%	100.00%	99.46%	98.00%
木柴	20	1245	92.55%	98.03%	96.94%	99.45%	98.23%	96.39%	95.74%	100.00%
建筑	20	366	39.31%	78.71%	88.99%	100.00%	93.99%	99.17%	95.36%	100.00%
石头	20	73	95.77%	87.80%	87.95%	94.12%	100.00%	100.00%	100.00%	98.57%
总体分类精度			66.27%	79.57%	83.03%	88.19%	89.82%	90.42%	83.23%	92.94%
Kappa 系数			0.62	0.50	0.68	0.81	0.88	0.87	0.81	0.92

表 4-2　不同方法在 Salinas 中的分类精度

地物类别	训练样本	测试样本	SVM	BF	EPF	LBP-EML	HiFi	SNN	R-VCANet	TRSF
野草 1	20	1989	98.05%	100.00%	100.00%	99.90%	98.49%	100%	99.90%	99.80%
野草 2	20	3706	99.37%	100.00%	99.89%	97.38%	98.70%	99.03%	99.84%	100.00%
休耕地	20	1956	91.22%	96.54%	94.91%	100.00%	99.80%	100.00%	99.39%	99.04%
粗糙的休耕地	20	1374	97.68%	91.30%	97.86%	99.42%	97.45%	99.42%	99.56%	96.69%
平滑的休耕地	20	2658	97.00%	99.10%	99.96%	96.88%	88.75%	98.95%	99.62%	99.20%
残株	20	3939	100.00%	100.00%	99.92%	91.77%	99.59%	99.97%	99.97%	100.00%
芹菜	20	3559	99.94%	99.44%	100.00%	98.90%	96.60%	99.58%	98.17%	99.92%
野生的葡萄	20	11251	72.98%	87.53%	82.04%	90.00%	82.13%	85.19%	78.54%	98.79%
正在开发的葡萄园土壤	20	6183	98.59%	98.75%	99.48%	99.13%	99.97%	100.00%	99.26%	100.00%
开始衰老的玉米地	20	3258	79.39%	91.66%	85.06%	94.81%	87.97%	93.83%	94.69%	99.97%
长叶莴苣 4wk	20	1048	93.65%	94.08%	98.21%	99.62%	96.18%	100.00%	98.76%	100.00%
长叶莴苣 5wk	20	1907	94.34%	99.74%	100.00%	93.55%	99.48%	100.00%	100.00%	99.89%
长叶莴苣 6wk	20	896	93.37%	96.61%	96.10%	91.74%	97.21%	100.00%	94.31%	95.51%
长叶莴苣 7wk	20	1050	92.29%	89.02%	99.20%	94.48%	92.67%	99.90%	96.86%	87.33%
未结果实的葡萄园	20	7248	54.30%	77.53%	73.97%	91.67%	73.17%	95.18%	85.32%	87.26%
葡萄园小路	20	1787	94.44%	97.15%	99.49%	100.00%	96.75%	96.92%	99.27%	100.00%
总体分类精度			84.97%	92.76%	91.41%	94.86%	90.50%	95.61%	91.58%	97.31%
Kappa 系数			0.83	0.86	0.94	0.90	0.89	0.94	0.91	0.97

表 4-3　　　　　　　　　　不同方法在 University of Pavia 中的分类精度

地物类别	训练样本	测试样本	SVM	BF	EPF	LBP-EML	HiFi	SNN	R-VCANet	TRSF
柏油马路	20	18629	87.52%	95.46%	98.05%	68.90%	80.40%	86.55%	79.96%	96.31%
草地	20	2079	91.00%	98.03%	97.40%	84.14%	89.74%	97.33%	83.39%	99.62%
砂砾	20	3044	61.72%	81.61%	89.16%	83.55%	82.92%	81.43%	88.12%	98.06%
树木	20	1325	70.10%	75.43%	96.20%	76.84%	83.64%	94.35%	96.75%	83.06%
金属板	20	5009	98.42%	93.01%	95.05%	88.68%	99.17%	100.00%	100.00%	100.00%
裸土	20	1310	46.04%	71.57%	64.27%	96.57%	89.72%	98.92%	93.57%	94.08%
柏油屋顶	20	3662	54.64%	84.60%	58.20%	90.53%	96.79%	99.24%	99.01%	90.07%
砖块	20	927	80.23%	76.97%	76.20%	91.29%	92.55%	90.85%	88.39%	91.50%
阴影	20	170	100.00%	100.00%	99.89%	68.18%	99.46%	98.71%	100.00%	99.68%
总体分类精度			75.73%	88.05%	87.00%	83.29%	88.48%	94.47%	87.03%	95.96%
Kappa 系数			0.69	0.65	0.88	0.83	0.85	0.79	0.83	0.95

表 4-4　不同数量训练样本在 Indian Pines 数据集中的平均总体分类精度和 Kappa 系数

每类训练样本数量	SVM		BF		EPF		LBP-ELM		HiFi		SSN		R-VCANet		TRSF	
	总体分类精度	Kappa	总体分类精度	Kappa	总体分类精度	Kappa	总体分类精度	Kappa	总体分类精度	Kappa	总体分类精度	Kappa	总体分类精度	Kappa	总体分类精度	Kappa
10	57.43%	0.52	67.96%	0.64	69.32%	0.66	80.89%	0.79	81.08%	0.79	81.21%	0.79	75.40%	0.72	84.54%	0.82
20	66.27%	0.62	79.57%	0.77	83.03%	0.81	88.19%	0.87	89.82%	0.88	90.42%	0.88	83.23%	0.81	92.94%	0.92
30	73.31%	0.70	85.00%	0.83	87.41%	0.86	92.57%	0.92	91.65%	0.91	92.50%	0.91	87.56%	0.86	96.04%	0.95
40	75.94%	0.73	87.42%	0.86	89.63%	0.88	94.42%	0.94	93.63%	0.93	94.17%	0.93	89.66%	0.88	96.77%	0.96
50	78.66%	0.76	90.15%	0.89	92.41%	0.91	95.76%	0.95	93.44%	0.93	95.79%	0.93	91.33%	0.90	97.81%	0.97

表 4-5　不同数量训练样本在 Salinas 数据集中的平均总体分类精度和 Kappa 系数

每类训练样本数量	SVM		BF		EPF		LBP-ELM		HiFi		SSN		R-VCANet		TRSF	
	总体分类精度	Kappa	总体分类精度	Kappa	总体分类精度	Kappa	总体分类精度	Kappa	总体分类精度	Kappa	总体分类精度	Kappa	总体分类精度	Kappa	总体分类精度	Kappa
10	82.64%	0.81	89.44%	0.88	87.71%	0.86	90.41%	0.89	86.53%	0.85	92.61%	0.92	87.96%	0.87	95.84%	0.95
20	84.96%	0.83	92.76%	0.91	91.41%	0.90	94.86%	0.94	90.50%	0.89	95.61%	0.95	91.58%	0.91	97.31%	0.97
30	86.42%	0.85	93.71%	0.93	92.70%	0.92	96.45%	0.97	92.08%	0.91	96.70%	0.96	92.93%	0.92	98.05%	0.98
40	86.20%	0.85	94.02%	0.93	92.73%	0.92	97.69%	0.97	92.67%	0.92	97.67%	0.97	93.29%	0.93	98.92%	0.99
50	87.70%	0.86	95.04%	0.94	94.15%	0.93	98.02%	0.98	93.59%	0.93	98.33%	0.98	94.21%	0.94	99.28%	0.99

表 4-6　不同数量训练样本在 University of Pavia 数据集中的平均总体分类精度和 Kappa 系数

每类训练样本数量	SVM		BF		EPF		LBP-ELM		HiFi		SSN		R-VCANet		TRSF	
	总体分类精度	Kappa	总体分类精度	Kappa	总体分类精度	Kappa	总体分类精度	Kappa	总体分类精度	Kappa	总体分类精度	Kappa	总体分类精度	Kappa	总体分类精度	Kappa
10	67.02%	0.59	76.44%	0.70	73.76%	0.67	73.98%	0.67	81.83%	0.77	89.44%	0.86	81.47%	0.76	90.55%	0.88
20	75.73%	0.69	88.05%	0.85	87.00%	0.83	83.29%	0.79	88.48%	0.83	94.47%	0.93	87.03%	0.83	95.96%	0.95
30	78.95%	0.73	89.37%	0.86	88.97%	0.86	86.52%	0.83	88.64%	0.85	96.48%	0.95	90.95%	0.88	97.06%	0.96
40	82.30%	0.77	92.41%	0.90	92.19%	0.90	88.83%	0.85	90.22%	0.87	96.75%	0.96	92.18%	0.90	97.86%	0.97
50	83.78%	0.79	93.90%	0.92	93.57%	0.92	90.77%	0.88	90.94%	0.88	97.64%	0.97	93.46%	0.91	98.47%	0.98

4.4.2 参数设置

本章提出的滤波算法涉及三个重要的参数：特征维数(k)、滤波窗口大小(δ_α)和滤波模糊度(δ_γ 和δ_m)。如图4-3所示，分析了在 University of Pavia 场景中每类随机样本数量为20时，k、δ_α 和δ_γ 参数对 TRSF 分类性能的影响(k从5到50、δ_α从5到50、δ_γ从0.01到1、δ_m从0.01到1)。当分析其中一个改变时，另外三个是固定的。例如，当分析k的影响时，另外三个固定为$\delta_\alpha=19$、$\delta_\gamma=0.09$和$\delta_m=0.3$。同理分析δ_α、δ_γ和δ_m也是一样的。当特征维数$k=25$时，提出的方法得到最高的总体分类精度，假如k太大，有太多的冗余信息，假如k太小，有用的信息将会丢失。当$\delta_\alpha=19$时，提出的方法显示了最好的性能，假如窗口变小，有用的信息被忽略，窗口过大，不相关信息过多，这些都会影响到分类结果。当$\delta_\gamma=0.09$和$\delta_m=0.3$时，总体分类精度是最理想的，假如δ_γ和δ_m太小，结果不够平滑，假如δ_γ和δ_m太大，结果过于平滑。所以，在本章的所有实验中，参数设置为$k=25$、$\delta_\alpha=15$、$\delta_\gamma=0.09$和$\delta_m=0.3$。

4.4.3 实验结果

实验结果表明，该研究有助于双边滤波的改进。从表4-4至表4-6和图4-4至图4-6可以看出，TRSF 算法的总体分类精度、Kappa 系数两个指标优于双边滤波算法，其中总体分类精度在 Indian Pines、Salinas 和 University of Pavia 场景中分别高于13.37%、4.55%和7.91%；同时在 Indian Pines、Salinas 和 University of Pavia 场景中比双边滤波改进后的 EPF 算法分别高9.91%、5.90%和8.96%。

TRSF 分类算法与先进的分类算法比较，提出的算法更有效。如表4-4至表4-6和图4-4至图4-6所示，提出的 TRSF 分类算法获得了最高的总体分类精度和 Kappa 系数。对于 Indian Pines 遥感影像，TRSF 分类算法的总体分类精度分别比 LBP-EML、HiFi、SSN 和 R-VCANet 高4.75%、3.12%、2.52%和9.71%；对于 Salinas 遥感影像，TRSF 分类算法的总体分类精度分别比 LBP-EML、HiFi、SSN 和 R-VCANet 高2.45%、6.81%、1.70%和5.73%；对于 University of Pavia 遥感影像，TRSF 分类算法的总体分类精度分别比 LBP-EML、HiFi、SSN 和 R-VCANet 高12.67%、7.48%、1.49%和8.93%。

实验结果证明了 TRSF 分类算法的鲁棒性。表4-4至表4-6中的数据显示了训练样本数量对实验的三幅遥感影像的分类算法的影响。随机选择的训练样本数量为10~50个。提出的算法随着数量的增加导致更好的性能，同时在比较的算法中总体分类精度最好。每类训练样本最多50个的时候，TRSF 在 Indian Pines 遥感影像中获得了97.81%的总体分类精度，在 Salinas 和 University of Pavia 遥感影像中分别获得了99.28%和98.47%的总体分类精度。当样本有限的时候，优势更突出，如当每种地类训练样本仅有10个的时候，性能更好。

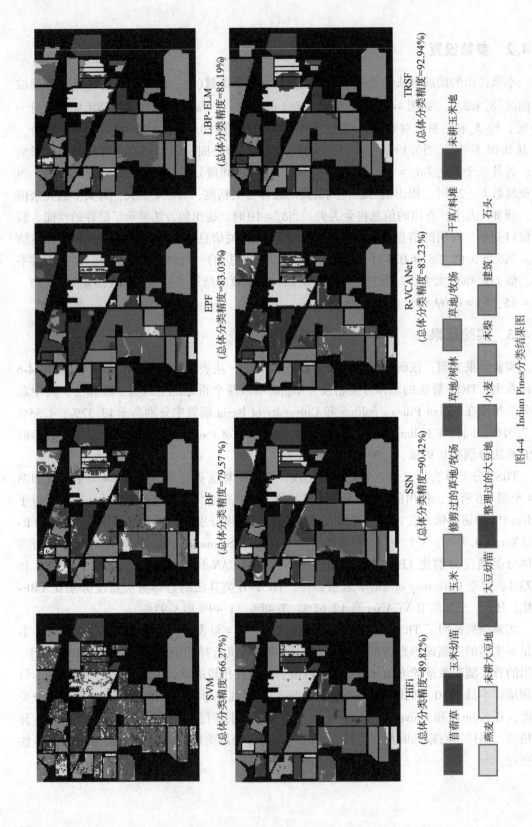

图4-4　Indian Pines分类结果图

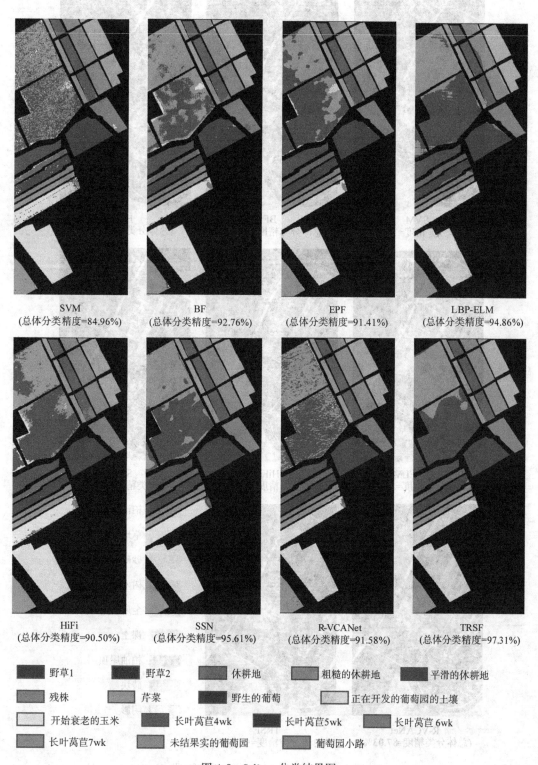

图 4-5　Salinas 分类结果图

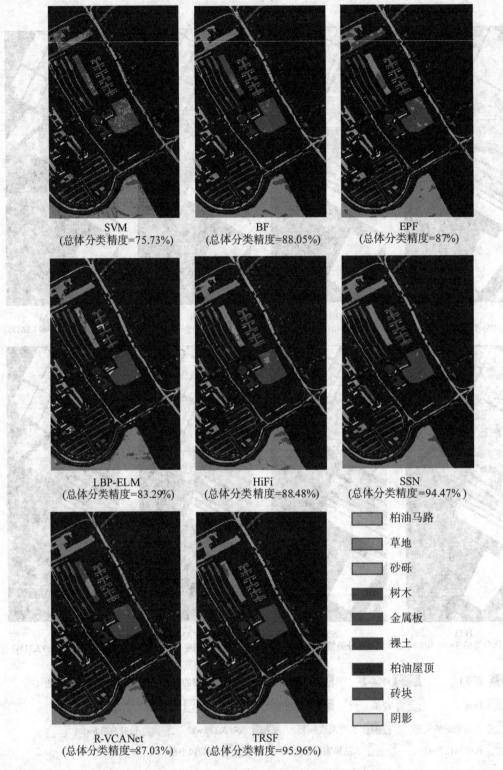

图 4-6 University of Pavia 分类结果图

TRSF 的去噪能力也被证实了。从图 4-7(a) 可以看出，原始图受到噪声的污染很严重，从图 4-7(b) 可以看出，经过本章提出 TRSF 算法处理后，图像降噪的效果非常明显。

（a）第一频带的原始噪声图像

（b）TRSF 去噪后的结果图像

图 4-7　TRSF 对 Indian Pines 的视觉去噪效果

关于结果的统计评估：为了进一步验证所得到的 Kappa 是否具有统计学意义，我们使用配对 t 检验来显示关于结果的统计学评估。t-test 在许多相关研究中经常被广泛使用[166][167][168]。假设：只有当方程(4-8)有效时，TRSF 的平均 Kappa 大于比较方法：

$$\frac{(\overline{a_1} - \overline{a_2})\sqrt{n_1 + n_2 - 2}}{\sqrt{\left(\dfrac{1}{n_1} + \dfrac{1}{n_2}\right)(n_1 s_1^2 + n_2 s_2^2)}} > t_{1-a}[n_1 + n_2 - 2] \tag{4-8}$$

其中，$\overline{a_1}$ 和 $\overline{a_2}$ 分别为 TRSF 和比较方法的平均值，s_1 和 s_2 是相应的标准差，n_1 和 n_2 是实验的次数，在本章设置为 10。图 4-8 中的配对 t 检验表明，Kappa 在三个数据集中均达到统计学意义(在 95% 的水平)。

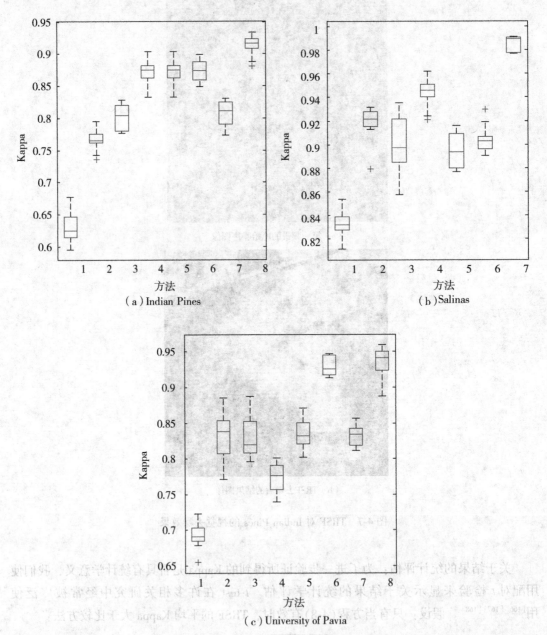

（a）Indian Pines

（b）Salinas

（c）University of Pavia

（图中横坐标：1. SVM 2. BF 3. EPF 4. LBP-ELM 5. HiFi 6. SSN 7. R-VCANet 8. TRSF。中线是中值，盒子边缘是第 25% 和第 75% 的位置；线延伸至极值，异常值用"+"表示）

图 4-8　不同方法的 Kappa 在三个数据集中的盒图

4.4　结论

在本章中，提出了 TRSF 算法用于解决双边滤波在高光谱遥感影像中出现邻域像素集的中心像素为噪声点时，存在的局限问题。实验结果表明，TRSF 成功解决了双边滤波存在的局限问题，可以有效地提取高光谱遥感影像的空谱特征，大大提高了 SVM 分类器的分类性能。在训练样本有限的情况下，优势更明显。

第5章 超像素双边滤波算法及高光谱
遥感影像小样本处理

5.1 引言

高光谱遥感影像是通过卫星传感器获取数以百计的窄光谱波段和可见红外光谱波段的数字图像[135]。它不仅可提供地物的空间特征信息[136]，同时也包含丰富的反映地物特有物理性状的光谱特征信息[137]，从而实现对地物的精确检测、识别[138]以及属性分析[139]。高光谱遥感影像在精准农业[140]、森林防护[141]、海洋监测[142]和军事侦察[143]等领域以其特有的优势发挥着积极的作用。

高光谱遥感影像特征提取作为遥感科学领域中的关键技术，学者在这方面的研究很多。Chen 等[121]使用传播滤波提取了高光谱影像特征，提高了分类器的性能。Jiang 等[90]提出了一种超像素主成分分析方法，通过超图像像素分割将高光谱遥感影像空间上下文信息融入无监督降维中，由此提取可分、紧凑和抗噪声的特征。Li 等[105]提出一种利用高光谱遥感影像纹理特征的分类范式，采用局部二值模式（LBP）来提取局部图像纹理特征，得到了较好的分类结果。Zhou 等[91]提出了频谱空间网络（SSN）的深层次模型，同时提取了高光谱遥感影像的空间特征和光谱特征，结果表明 SNN 具有良好的鲁棒性和准确性。Pan 等[134]提出一种 R-VCANet 深度学习方法，通过滚动引导过滤器（RGF），组合光谱和空间特征，使用 Vertex Component Analysis Network（VCANet）新网络提取高光谱遥感影像的深度特征，生成的特征具有更强的表达能力。

最近，双边滤波通过模板内空间距离和像素值距离加权限制非相似结构像素对目标像素的影响，已经被证实在高光谱遥感影像特征提取中是有效的。Kang 等[108]提出一种基于边缘保持滤波（EPF）的空谱特征提取分类方法，使用双边滤波和引导滤波确保平滑的概率与真实对象边界对齐，取得较好的效果。Shen 等[109]提出一种用于极限学习机（ELM）分类器的空谱特征提取方法，该方法通过双边滤波提取空谱特征来提高基于内核的 ELM 分类器的准确性。Wang 等[70]通过联合使用双边滤波和图形切割技术提取空谱特征，提高分类性能。Soomro 等[169]结合弹性网络回归和双边滤波提取空谱特征，提高了分类器的准确性。

然而，双边滤波的非相似结构像素加权限制的程度，直接影响双边滤波的效果。同一模板内，非相似结构像素的权值越小，目标像素的特征越明显。为了更好地降低非相似结构像素的影响，本章提出了一种超像素双边滤波算法（SuperBF）提取高光谱遥感影像特征。首先，通过超像素分割方法将高光谱遥感影像分割成许多不同的区域，其中每个区域被认为是结构相似的同质区域[170]；其次，使用双边滤波对每个分割的同质区域进行处理，由于分割的同质区域内像素的结构相似度极高，因此，能更好地限制非相似结构像素的影响，从而使过滤后的像素特征更明显；最后，为验证提取特征的有效性，使用常见的SVM分类器对提取的特征进行分类。

本章接下来的结构如下。第5.2节简要介绍熵率超像素分割算法。第5.3节针对双边滤波在过滤过程中，当非结构相似像素和目标像素的距离较近时，有可能出现非结构相似像素比结构相似像素对输出值影响大的局限问题进行分析，给出相应的解决方案，并详细介绍了提出的SuperBF分类算法的细节，以及将该算法应用到高光谱遥感影像特征提取中。第5.4节通过在Indian Pines、University of Pavia和Salinas三个真实高光谱遥感影像中的实验，验证算法的有效性，并和前沿的高光谱遥感影像特征提取算法和分类算法进行客观对比；第5.5节对本章工作进行总结。

5.2 熵率超像素分割算法

熵率超像素分割(ERS)[170]采用一个带权的无向图代替源图像算法，将源图像的每个像素当作无向图的一个节点，利用两个节点的相似性作为节点之间的权重，同时采用了一种图上随机游走的熵率和平衡项相结合的目标函数，通过迭代最大化该目标函数得到分割结果。这种方法将图像映射成无向图 $G = (V, E)$，其中 V 是图的顶点集，E 是图的边集，边的权值代表顶点间的相似性，用权函数 ω 表示：$E \rightarrow R^+ \cup \{0\}$，通过选择 $A \subseteq E$ 的子集，将图分割成连通子集，由较小的连通分量/子图构成无向图 $G = (V, E)$。在ERS的目标函数中，结合熵率项 $H(A)$ 和平衡项 $B(A)$ 优化超像素分割。

$$A^* = \underset{A}{\operatorname{argmax}} \operatorname{Tr}\{H(A) + \alpha B(A)\}, \text{ s.t. } A \subseteq E. \tag{5-1}$$

其中，α 用于平衡熵率项 $H(A)$ 和平衡项 $B(A)$ 的贡献。该函数确保分割区域内部像素之间具有更高的相似度和同质性。第一项有利于形成均匀和紧凑的集群，而第二项可以用来鼓励相似大小的集群。

5.3 提出的算法

一方面，从第3章式(3-1)到式(3-5)可以看出，双边滤波对高光谱遥感影像进行过滤时，如果非结构相似像素和目标像素的距离较近，即 $\|s - t\|$ 较小，有可能比结构相似而距离远的像素点对输出值影响大，这将局限双边滤波对非结构相似像素加权限制的作用。同时，如图5-1(a)所示，虽然双边滤波通过加权对非相似结构像素进行限制，但依然会对非结构相似像素进行权重分配，非结构相似像素对输出值依然有影响。另一方面，高光谱遥感影像特性与一般的图像特性不同，高光谱遥感影像存在许多同质区域，在每个区域内的像素更可能是结构相似的。由此，如图5-1(b)所示，针对双边滤波存在的局限问题，

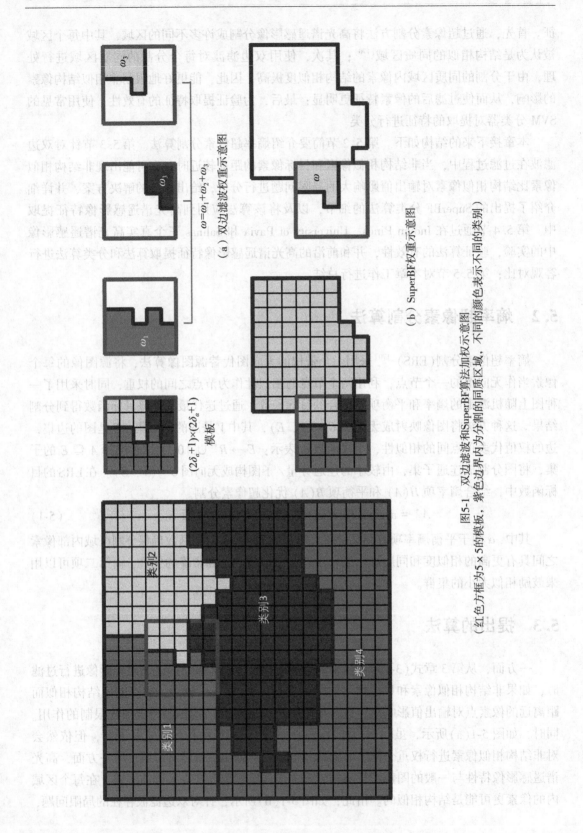

图5-1　双边滤波和SuperBF算法加权示意图
（红色方框为5×5的模板，紫色边界内为分割的同质区域，不同的颜色表示不同的类别）

利用高光谱遥感影像同质特性将同质区域进行合理分割，然后使用双边滤波分别对同质区域进行过滤处理，将极大地提高双边滤波对非结构相似像素的限制作用，从而使双边滤波提取的高光谱遥感影像特征更明显，更具可分性。

按照上述思路，本章提出一种 SuperBF 算法，通过超像素分割的方式，将同质区域进行合理分割。在许多高光谱遥感影像超像素分割的方法中，ERS 在效率上表现出了良好的性能，因此，本章使用 ERS 对高光谱遥感影像进行了超像素分割。具体公式如下：

$$I = \bigcup_k^S K_k \text{ s. t. } K_k \cap K_g = \phi, \ (k \neq g) \tag{5-2}$$

其中，S 表示超像素的数量，K_k 是第 k 个超像素。

ERS 对高光谱遥感影像进行了超像素分割后得到 S 个同质分割区域，使用双边滤波对分割后的每个同质区域进行过滤处理，算法 5-1 描述了基于 SuperBF 高光谱遥感影像特征提取的具体过程。该算法主要分为两个步骤，第一步，使用 ERS 对高光谱遥感影像进行分割，将结构相似的像素分到同一个区域，使影像分割成多个同质区域；第二步，利用双边滤波算法对每一个同质区域内的像素进行过滤处理，提取高光谱遥感影像特征。

算法 5-1：基于 SuperBF 高光谱遥感影像特征提取算法

输入：高光谱遥感影像 $I = (I_1, I_2, \cdots, I_n) \in R^{d \times n}$，$d$ 是维数，n 是像素的数量，δ_α 是滤波半径，δ_γ 是滤波模糊度，S 是影像经过 ERS 分割的数量。

输出：空谱特征 $O = (O_1, O_2, \cdots, O_n) \in R^{d \times n}$。

BEGIN：

(1) 使用式(5-2) 将高光谱遥感影像分割为 S 个同质区域；

For $i = 1: S$

(2) 输入第 i 个同质区域；

(3) 统计第 i 个同质区域内的像素数量 n；

For $j = 1: n$

(4) 使用式(5-2) 计算第 i 个同质区域双边滤波模板内任意像素 t 的权系数；

(5) 使用式(5-1) 计算像素 j 通过双边滤波器操作输出的像素值 O_j；

End

End

(6) 输出图像特征 $O = (O_1, O_2, \cdots, O_n) \in R^{d \times n}$。

END

5.4 实验结果与分析

本章提出 SuperBF 分类算法与几种当前流行的分类算法进行比较，包括 SVM[111]、

BF-SVM[108]、EPF-SVM[108]、LBP-SVM[105]、HiFi[106]、R-VCANet-SVM[134]。SVM 算法在 libsvm[112] 库中使用五重交叉实现验证，其他算法使用参考文献中的默认参数。使用总体分类精度、平均分类精度和 Kappa 系数评估不同的高光谱遥感影像分类性能。

5.4.1 数据集描述

为了验证提出方法的有效性，本章对 Indian Pines、Salinas 和 University of Pavia 三个真实的高光谱遥感影像进行实验。

为了实验的客观性，实验重复 10 次，取其平均值作为结果，同时在三个数据集中每类随机选择 20 个训练样本，剩下的为测试样本，用于测试提出方法的有效性，具体如表 5-1～表 5-3 所示。另外，为了测试算法的稳定性，从三个数据集中随机选择 10～50 个作为训练样本，剩下的为测试样本，具体如表 5-4 所示。当类别样本数量的 1/2 少于随机样本数时，取该类样本数量的 1/2 作为该类别的训练样本，其余作为测试样本。

5.4.2 参数分析

本章提出的算法涉及三个重要的参数：超像素数量 S、滤波大小 δ_α 和模糊度 δ_γ。如图 5-2 所示，分析了以上三个参数在三个影像中对 SVM 分类器总体分类精度的影响，当分析其中一个参数时，另外两个参数固定不变。在 Indian Pines、University of Pavia 和 Salinas 三个场景中的超像素数量 S 分别为 30、110 和 10 时，提出的方法获得了最高的总体分类精度，随着超像素数量 S 的增加，实验表明整体性能将首先上升然后下降。S 太大或太少，将导致所提出的 SuperBF 算法的性能降低，主要是因为太多的超像素将导致过度集中并且不能充分利用属于均匀区域的所有样本，而太少的超像素将导致过度分解并且从不同的均匀区域引入一些非同质样本。在 Indian Pines、University of Pavia 和 Salinas 三个场景中的 δ_α 分别为 20、47 和 52 时，取得了理想的效果。δ_α 过小，有用的空间信息被忽略，δ_α 过大，太多无用信息被获取。在 Indian Pines、University of Pavia 和 Salinas 三个场景中的 δ_γ 分别为 0.2、0.09 和 0.09 时，分类性能最好，假如过小，结果不够平滑，过大，结果过于平滑。因此，本章在三个场景中的参数分别设置为：Indian Pines：$S = 30$、$\delta_\alpha = 20$、$\delta_\gamma = 0.2$；Salinas：$S = 10$、$\delta_\alpha = 52$、$\delta_\gamma = 0.09$；University of Pavia：$S = 110$、$\delta_\alpha = 47$、$\delta_\gamma = 0.09$。

5.4.3 实验结果

SuperBF 对双边滤波的改进是有效的。图像分割可以被看作图像被分割到许多不同的区域，其中的每一个区域被认为是同质的[148]，这些区域形成可用于光谱-空间分类的空间结构的分割图。双边滤波在这些分割范围内进行滤波，提取的特征更有效果，分类的精度更高。如图 5-3～图 5-5、表 5-1～表 5-3 所示，在 Indian Pines、Salinas 和 University of Pavia 三个场景中，SuperBF 的总体分类精度、平均分类精度和 Kappa 都高于双边滤波，其中当训练样本数为 20 时，SuperBF 的总体分类精度分别比双边滤波高 14.12%、6.22% 和 5.25%。与在双边滤波基础上进行改进的 EPF 算法比较，SuperBF 的总体分类精度、平均分类精度和 Kappa 也都高于 EPF 算法，其中当训练样本数为 20 时，SuperBF 的总体分类精度分别比 EPF 算法高 10.66%、7.57%和 6.30%。

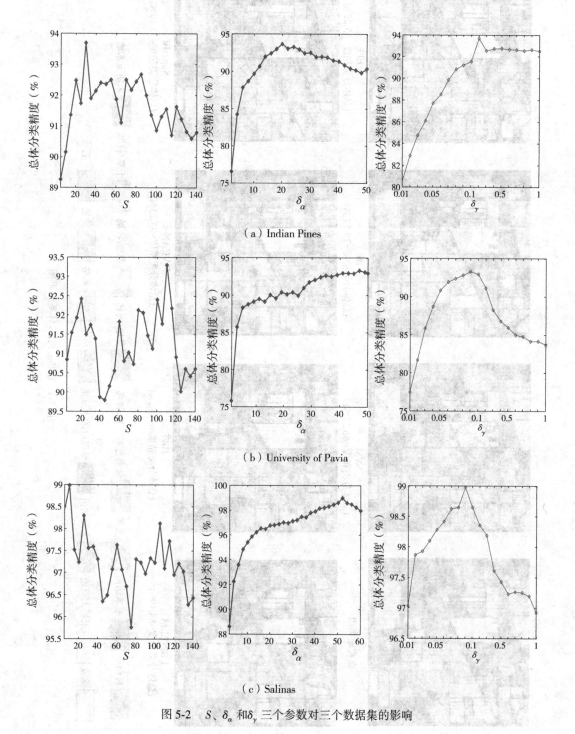

（a）Indian Pines

（b）University of Pavia

（c）Salinas

图 5-2 S、δ_α 和 δ_γ 三个参数对三个数据集的影响

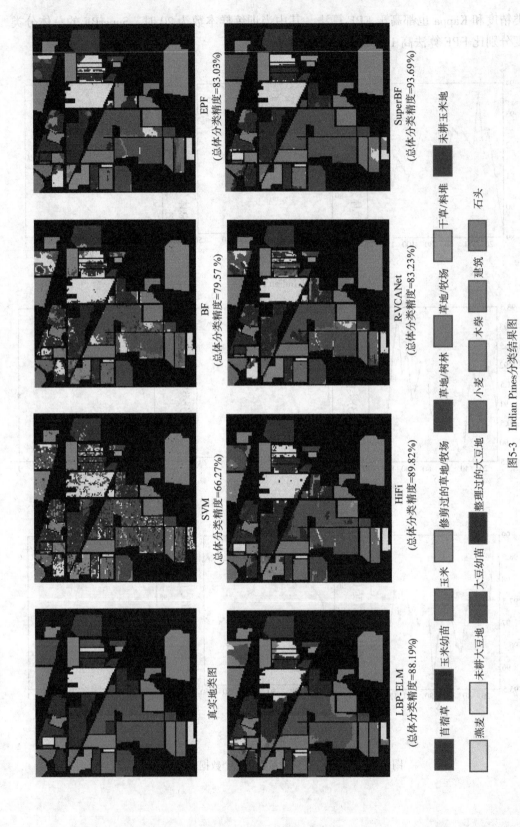

图5-3　Indian Pines分类结果图

表 5-1　　不同方法在 Indian Pines 中的分类精度

地物类别	Train	Test	SVM	BF	EPF	LBP-EML	HiFi	R-VCANet	SuperBF
苜蓿草地	20	26	55.00%	54.17%	57.78%	100.00%	100.00%	100.00%	100.00%
未耕玉米地	20	1408	52.16%	82.97%	85.80%	78.85%	84.94%	65.41%	93.13%
玉米幼苗地	20	810	63.35%	62.12%	89.35%	92.14%	93.09%	85.31%	91.27%
玉米地	20	217	53.33%	67.48%	43.06%	100.00%	87.10%	97.24%	91.81%
修剪过的草地/牧场	20	463	82.80%	79.92%	92.93%	96.02%	92.01%	91.36%	97.58%
草地/树林	20	710	85.91%	93.35%	91.93%	99.59%	97.61%	96.48%	99.44%
草地/牧场	14	14	37.14%	32.56%	82.35%	100.00%	100.00%	100.00%	18.42%
干草/料堆	20	458	97.89%	100.00%	100.00%	100.00%	99.78%	99.13%	100.00%
燕麦	10	10	27.27%	32.00%	100.00%	100.00%	100.00%	100.00%	90.91%
未耕大豆地	20	952	57.38%	56.25%	66.32%	89.87%	93.70%	83.61%	81.61%
大豆幼苗	20	2435	71.57%	89.12%	92.13%	74.96%	78.52%	71.79%	95.92%
整理过的大豆地	20	573	37.88%	72.47%	52.77%	85.86%	94.24%	87.43%	96.00%
小麦	20	185	88.14%	92.86%	100.00%	100.00%	99.46%	99.46%	100.00%
木类	20	1245	92.55%	98.03%	96.94%	99.45%	98.23%	95.74%	100.00%
建筑	20	366	39.31%	78.71%	88.99%	100.00%	93.99%	95.36%	86.29%
石头	20	73	95.77%	87.80%	87.95%	94.12%	100.00%	100.00%	97.33%
总体分类精度			66.27%	79.57%	83.03%	88.19%	89.82%	83.23%	93.69%
平均分类精度			64.84%	78.32%	83.02%	94.43%	94.54%	91.77%	89.98%
Kappa 系数			0.62	0.50	0.68	0.81	0.88	0.81	0.93

表 5-2　不同方法在 University of Pavia 中的分类精度

地物类别	Train	Test	SVM	BF	EPF	LBP-EML	HiFi	R-VCANet	SuperBF
柏油马路	20	18629	87.52%	95.46%	98.05%	68.90%	80.40%	79.96%	98.03%
草地	20	2079	91.00%	98.03%	97.40%	84.14%	89.74%	83.39%	95.34%
砂砾	20	3044	61.72%	81.61%	89.16%	83.55%	82.92%	88.12%	67.42%
树木	20	1325	70.10%	75.43%	96.20%	76.84%	83.64%	96.75%	98.38%
金属板	20	5009	98.42%	93.01%	95.05%	88.68%	99.17%	100.00%	99.00%
裸土	20	1310	46.04%	71.57%	64.27%	96.57%	89.72%	93.57%	90.06%
柏油屋顶	20	3662	54.64%	84.60%	58.20%	90.53%	96.79%	99.01%	91.45%
砖块	20	927	80.23%	76.97%	76.20%	91.29%	92.55%	88.39%	95.21%
阴影	20	170	100.00%	100.00%	99.89%	68.18%	99.46%	100.00%	99.89%
总体分类精度			75.73%	88.05%	87.00%	83.29%	88.48%	87.03%	93.30%
平均分类精度			76.63%	88.93%	86.05%	83.19%	90.49%	91.17%	92.78%
Kappa 系数			0.69	0.65	0.88	0.83	0.85	0.83	0.91

表 5-3 不同方法在 Salinas 中的分类精度

地物类别	Train	Test	SVM	BF	EPF	LBP-EML	HiFi	R-VCANet	SuperBF
野草 1	20	1989	98.05%	100.00%	100.00%	99.90%	98.49%	99.90%	100.00%
野草 2	20	3706	99.37%	100.00%	99.89%	97.38%	98.70%	99.84%	100.00%
休耕地	20	1956	91.22%	96.54%	94.91%	100.00%	99.80%	99.39%	100.00%
粗糙的休耕地	20	1374	97.68%	91.30%	97.86%	99.42%	97.45%	99.56%	90.03%
平滑的休耕地	20	2658	97.00%	99.10%	99.96%	96.88%	88.75%	99.62%	98.71%
残株	20	3939	100.00%	100.00%	99.92%	91.77%	99.59%	99.97%	100.00%
芹菜	20	3559	99.94%	99.44%	100.00%	98.90%	96.60%	98.17%	99.92%
野生的葡萄	20	11251	72.98%	87.53%	82.04%	90.00%	82.13%	78.54%	99.91%
正在开发的葡萄园土壤	20	6183	98.59%	98.75%	99.48%	99.13%	99.97%	99.26%	99.00%
开始衰老的玉米地	20	3258	79.39%	91.66%	85.06%	94.81%	87.97%	94.69%	96.15%
长叶莴苣 4wk	20	1048	93.65%	94.08%	98.21%	99.62%	96.18%	98.76%	99.81%
长叶莴苣 5wk	20	1907	94.34%	99.74%	100.00%	93.55%	99.48%	100.00%	98.96%
长叶莴苣 6wk	20	896	93.37%	96.61%	96.10%	91.74%	97.21%	94.31%	100.00%
长叶莴苣 7wk	20	1050	92.29%	89.02%	99.20%	94.48%	92.67%	96.86%	93.79%
未结果实的葡萄园	20	7248	54.30%	77.53%	73.97%	91.67%	73.17%	85.32%	99.99%
葡萄园小路	20	1787	94.44%	97.15%	99.49%	100.00%	96.75%	99.27%	95.00%
总体分类精度			84.97%	92.76%	91.41%	94.86%	90.50%	91.58%	98.98%
平均分类精度			91.04%	96.70%	95.38%	96.20%	94.06%	96.05%	98.20%
Kappa 系数			0.83	0.86	0.94	0.90	0.89	0.91	0.99

表 5-4　不同的训练样本在 Indian Pines 中的分类精度

每类训练样本数量	SVM			BF			EPF			LBP-ELM		
	总体分类精度	平均分类精度	Kappa	总体分类精度	平均分类精度	Kappa	总体分类精度	平均分类精度	Kappa	总体分类精度	平均分类精度	kappa
10	57.43%	55.87%	0.52	67.96%	66.48%	0.64	69.32%	72.06%	0.66	80.89%	89.16%	0.79
20	66.27%	64.84%	0.62	79.57%	73.74%	0.77	83.03%	83.02%	0.81	88.19%	94.43%	0.87
30	73.31%	69.84%	0.70	85.00%	79.69%	0.83	87.41%	87.60%	0.86	92.57%	96.09%	0.92
40	75.94%	72.67%	0.73	87.42%	83.42%	0.86	89.63%	89.74%	0.88	94.42%	96.76%	0.94
50	78.66%	75.86%	0.76	90.15%	87.06%	0.89	92.41%	92.02%	0.91	95.76%	97.77%	0.95

每类训练样本数量	HiFi			R-VCANet			SuperBF		
	总体分类精度	平均分类精度	Kappa	总体分类精度	平均分类精度	Kappa	总体分类精度	平均分类精度	Kappa
10	81.08%	89.44%	0.79	75.40%	85.82%	0.72	87.32%	87.43%	0.86
20	89.82%	94.54%	0.88	83.23%	91.77%	0.81	93.69%	89.98%	0.93
30	91.65%	95.74%	0.91	87.56%	94.00%	0.86	95.21%	93.81%	0.95
40	93.63%	96.36%	0.93	89.66%	95.05%	0.88	96.31%	94.84%	0.96
50	93.44%	96.72%	0.93	91.33%	95.88%	0.90	97.23%	95.52%	0.97

表 5-5　不同的训练样本在 University of Pavia 中的分类精度

每类训练样本数量	SVM			BF			EPF			LBP-ELM		
	总体分类精度	平均分类精度	Kappa	总体分类精度	平均分类精度	Kappa	总体分类精度	平均分类精度	Kappa	总体分类精度	平均分类精度	Kappa
10	67.02%	69.12%	0.59	76.44%	76.79%	0.70	73.76%	76.21%	0.67	73.98%	76.15%	0.67
20	75.73%	76.63%	0.69	88.05%	86.30%	0.85	87.00%	86.05%	0.83	83.29%	83.19%	0.79
30	78.95%	77.69%	0.73	89.37%	87.50%	0.86	88.97%	88.56%	0.86	86.52%	86.42%	0.83
40	82.30%	80.23%	0.77	92.41%	89.88%	0.90	92.19%	90.89%	0.90	88.83%	87.93%	0.85
50	83.78%	81.36%	0.79	93.90%	91.81%	0.92	93.57%	92.66%	0.92	90.77%	90.36%	0.88

每类训练样本数量	HiFi			R-VCANet			SuperBF		
	总体分类精度	平均分类精度	Kappa	总体分类精度	平均分类精度	Kappa	总体分类精度	平均分类精度	Kappa
10	81.83%	85.40%	0.77	81.47%	87.21%	0.76	82.14%	82.14%	0.77
20	88.48%	90.49%	0.83	87.03%	92.13%	0.83	93.30%	92.78%	0.91
30	88.64%	91.91%	0.85	90.95%	93.51%	0.88	94.67%	94.11%	0.93
40	90.22%	92.99%	0.87	92.18%	94.48%	0.90	95.54%	94.62%	0.94
50	90.94%	93.58%	0.88	93.46%	95.51%	0.91	96.03%	94.92%	0.95

表 5-6　不同的训练样本在 Salinas 中的分类精度

每类训练样本数量	SVM 总体分类精度	SVM 平均分类精度	SVM Kappa	BF 总体分类精度	BF 平均分类精度	BF Kappa	EPF 总体分类精度	EPF 平均分类精度	EPF Kappa	LBP-ELM 总体分类精度	LBP-ELM 平均分类精度	LBP-ELM Kappa
10	82.64%	88.87%	0.81	89.44%	92.61%	0.88	87.71%	93.80%	0.86	90.41%	92.92%	0.89
20	84.96%	91.04%	0.83	92.76%	94.90%	0.91	91.41%	95.38%	0.90	94.86%	96.20%	0.94
30	86.42%	91.38%	0.85	93.71%	95.89%	0.93	92.70%	95.96%	0.92	96.45%	96.81%	0.97
40	86.20%	91.77%	0.85	94.02%	96.10%	0.93	92.73%	96.12%	0.92	97.69%	98.38%	0.97
50	87.70%	92.75%	0.86	95.04%	96.63%	0.94	94.15%	96.85%	0.93	98.02%	98.67%	0.98

每类训练样本数量	HiFi 总体分类精度	HiFi 平均分类精度	HiFi Kappa	R-VCANet 总体分类精度	R-VCANet 平均分类精度	R-VCANet Kappa	SuperBF 总体分类精度	SuperBF 平均分类精度	SuperBF Kappa
10	86.53%	92.08%	0.85	87.96%	94.32%	0.87	97.88%	96.62%	0.98
20	90.50%	94.06%	0.89	91.58%	96.05%	0.91	98.98%	98.20%	0.99
30	92.08%	95.47%	0.91	92.93%	96.68%	0.92	99.03%	98.47%	0.99
40	92.67%	96.20%	0.92	93.29%	96.91%	0.93	99.05%	98.50%	0.99
50	93.59%	96.76%	0.93	94.21%	97.34%	0.94	99.28%	98.77%	0.99

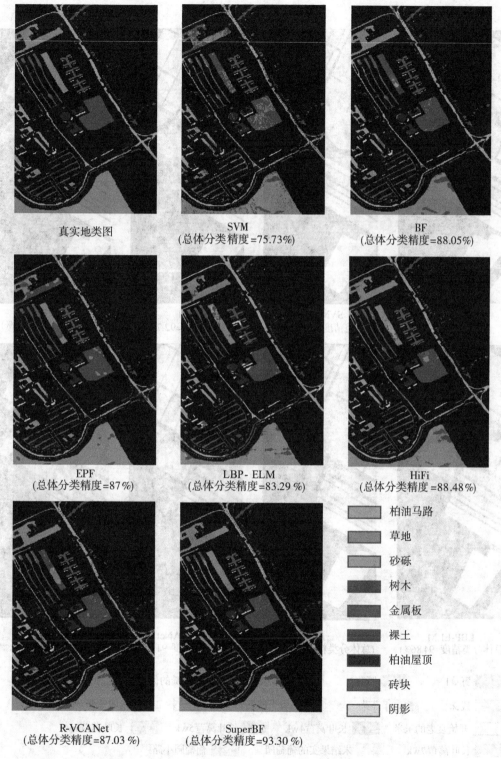

图 5-4　University of Pavia 分类结果图

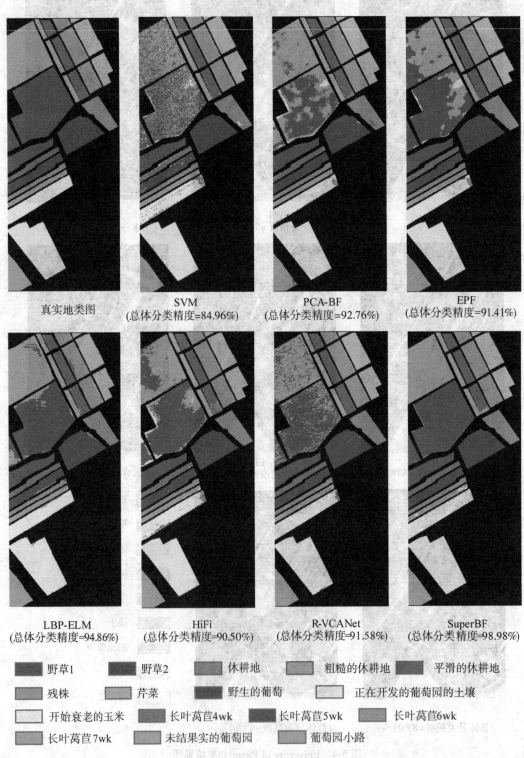

图 5-5　Salinas 分类结果图

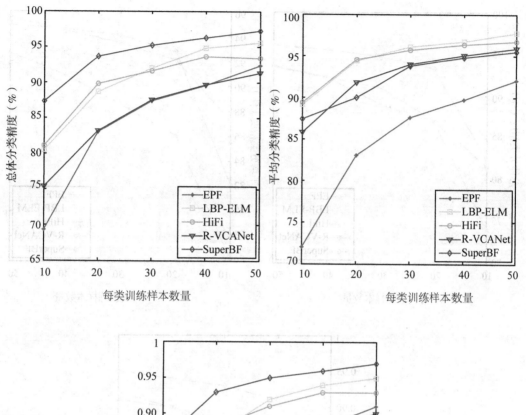

图5-6 Indian Pines 数据集中训练样本的影响

SuperBF 分类算法优于一些先进的算法。从图 5-3~图 5-5 和表 5-1~表 5-3 可以看出，在所有比较的方法中，除了在 Indian Pines 中的平均分类精度外，SuperBF 方法都得了最好的总体分类精度、平均分类精度和 Kappa 系数。SuperBF 分类方法与先进的 LBP-ELM、HiFi 和 R-VCANet 三种方法比较，总体分类精度在 Indian Pines 场景中分别高 5.5%、

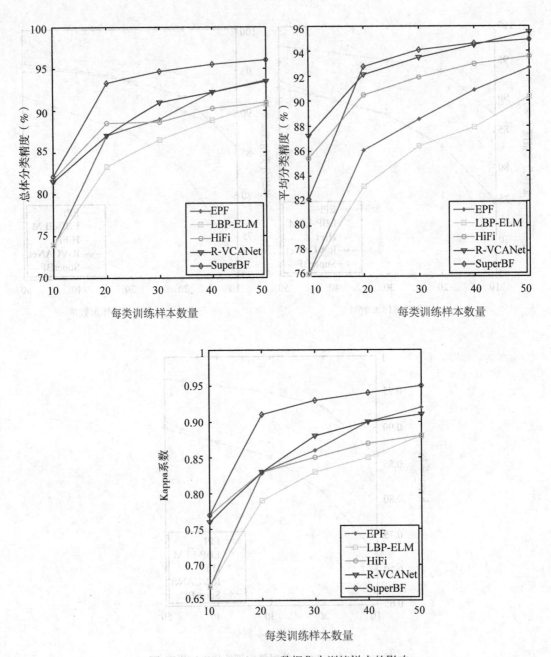

图 5-7 University of Pavia 数据集中训练样本的影响

3.87%和 10.46%,在 Salinas 场景中分别高 4.12%、8.48%和 7.40%,在 University of Pavia 场景中分别高 10.01%、4.82%和 6.27%。在 Indian Pines 的平均分类精度不是最好的主要原因是 grass_p 的分类精度非常低,只有 18.42%,这可能与 grass_p 的数量较少,同时与 grass_m 相似,造成误分类相关。

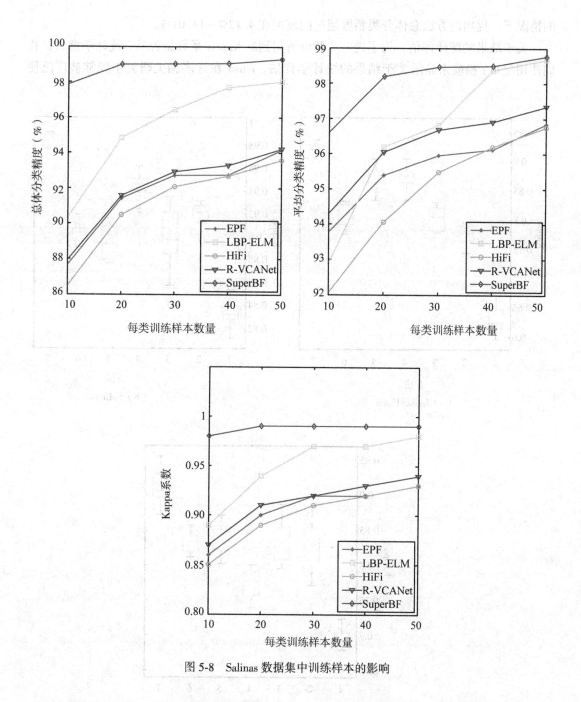

图 5-8 Salinas 数据集中训练样本的影响

SuperBF 分类方法具有较强的鲁棒性。从表 5-4~表 5-6 和图 5-6~图 5-8 可以看出，训练样本从 10 增加到 50，总体分类精度、平均分类精度和 Kappa 系数也随着提高，而且 SuperBF 都得到最高的总体分类精度和 Kappa 系数，和其他分类方法相比总体分类精度都超过 3.87%，在 Indian Pines 场景中总体分类精度最高甚至超过 SVM 方法的 27.42%，这是非常不容易的，尤其是在 Salinas 场景中，总体分类精度除了 SVM 方法外，都超过 90%

的情况下，提出的方法总体分类精度超过的范围在 4.12%~14.01%。

关于结果的统计评估：为了进一步验证所得到的 Kappa 系数是否具有统计学意义，我们使用配对 t 检验来显示关于结果的统计学评估。t-test 在许多相关研究中经常被广泛使

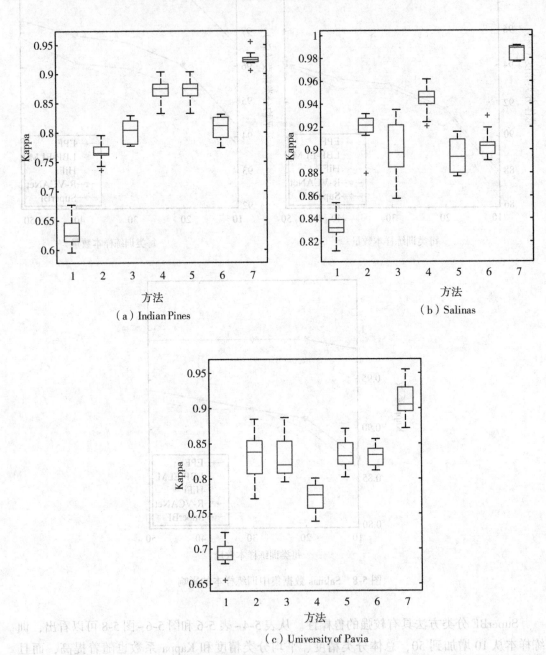

（a）Indian Pines

（b）Salinas

（c）University of Pavia

（图中横坐标：1. SVM 2. BF 3. EPF 4. LBP-ELM 5. HiFi 6. R-VCANet 7. SuperBF。中线是中值，盒子边缘是第 25% 和第 75% 的位置；线延伸至极值，异常值用"+"表示）

图 5-9　不同方法的 Kappa 系数在三个数据集中的盒图

用[166][167][168]。假设：只有当方程(5-3)有效时，SuperBF 的平均 Kappa 系数大于比较方法：

$$\frac{(\overline{a_1} - \overline{a_2})\,\sqrt{n_1 + n_2 - 2}}{\sqrt{(\frac{1}{n_1} + \frac{1}{n_2})(n_1 s_1^2 + n_2 s_2^2)}} > t_{1-a}[n_1 + n_2 - 2] \tag{5-3}$$

其中，$\overline{a_1}$ 和 $\overline{a_2}$ 分别为 SuperBF 算法和比较算法的平均值，s_1 和 s_2 是相应的标准差，n_1 和 n_2 是实验的次数，在本章设置为 10。图 5-9 中的配对 t 检验表明，Kappa 系数在三个数据集中均达到统计学意义(在 95% 的水平)。

5.5　结论

本章提出了一种基于 SuperBF 算法用于高光谱遥感影像的特征提取，该算法简单有效。本章首先将高光谱遥感影像分割成具有相似结构的同质区域，可以使双边滤波在过滤过程中，提高模板内相似结构像素的影响，非常有效地限制非结构相似像素的影响，提高双边滤波过滤的效果，从而更有效地提取高光谱遥感影像特征。实验结果表明，提出的方法优于现有的先进的特征提取方法，尤其在解决小样本问题时，优势更明显。

第6章 传播滤波算法及高光谱遥感影像跨区域混合处理

6.1 引言

高光谱遥感影像包含丰富的光谱信息和复杂的空间结构[144][145]，已经被广泛应用在诸多领域，如海洋监测[146][147]、精准农业[148][149]、森林退化统计[150]、军事侦察[151]等。然而，高光谱影像的高维特征会造成"Hughes"现象[152][153]，导致高光谱遥感影像分类准确度下降[154][155]。因此，在执行高光谱遥感影像分类之前，通常使用降维[156]和特征提取技术[157][158]来获得用于分类的低维和判别特征[159]。

为了更好地利用空间上下文信息，常用的策略是使用滤波器对高光谱遥感影像进行特征提取。例如，Li 等[122]提出 PCA-Gabor-SVM 算法，通过对 PCA 降维的高光谱遥感影像像素进行滤波处理的方法，使用空谱信息提高分类器性能，然而 Gabor 变换的实部具有偶对称性，单一使用实部可能会影响特征提取效果；Kang 等[108]通过 PCA 对高光谱遥感影像进行降维，然后利用双边滤波与引导滤波的边缘保持特性，联合空间与光谱信息，提出边缘滤波的方法(EPF)，保持了较强的空间结构，分类性能显著提高，但使用双边滤波可能无法避免对跨区域混合像素分配权重，影响特征提取效果；Pan 等[106]利用来自不同尺度的综合学习空间和光谱信息，构建了层次引导滤波和谱角距离矩阵以及迭代训练的分类器，以实现良好的泛化性能，然而相邻图像区域具有不同类型的上下文而无噪声时，可能无法抑制它们的影响而导致跨区域混合；Zhou 等[91]提出一种新的深度学习方法，通过使用卷积滤波器直接从影像中学习空谱特征信息，获得了非常好的结果，然而线性判别分析可能会引入过多特征，导致过度拟合；Wei 等[160]提出了一种称为光谱空间响应的分层深度框架，它使用通过边缘 Fisher 分析和 PCA 获得的模板来简单地学习空谱特征，但使用二维模板匹配每个特征图来利用空间信息，导致高维特征，这些操作可能导致分类性能降低。Teng 等[161]提出了一种利用自适应形态滤波和辅助彩色图像融合结构信息的高光谱遥感影像恢复方法，通过信息融合生成每个像素形态特征的自适应结构元素，同时去除混合噪声，保留精细的空间特征。

这些滤波在高光谱特征提取中都表现出了强的空间信息表达能力。然而，高光谱遥感影像由于空间分辨率小的限制和地物分布的复杂性，滤波模板将经常发生跨区域混合，即滤波模板内除目标地物特征外还混合有其他地物特征。此时，执行平滑或者其他过滤任务，将受到跨区域混合影响，使输出影像产生模糊区域，从而影响高光谱遥感影像的特征提取。双边滤波能够在过滤过程中缓解上述问题。Shen 等[162] 提出了一种多尺度光谱空间上下文感知传播滤波器，其从多个视图中提取高光谱遥感影像的特征以生成空间光谱特征。然而该滤波器需要为空间函数或者内核预先确定滤波模板大小，这通常难以预先确定。例如为多种地类特征区域选择较大的模板将导致跨区域混合，而选择较小的模板将会限制过滤性能，从而不能更有效地提取影像特征。本章提出了一种基于传播滤波(PF)的高光谱遥感影像空谱特征提取算法，可以有效地处理滤波在高光谱遥感影像特征提取中发生的跨区域混合问题。

本章的创新和贡献：①传播滤波技术第一次运用到高光谱遥感影像空谱特征提取中，传播滤波不仅可以平滑非边缘区域，而且可以增强边缘信息。②传播滤波从概率的角度考虑相邻像素及其前一个像素与中心像素点的像素值距离关系，极大地提高了同类别相邻像素的权重，让滤波器在对图像进行平滑时不易造成边缘的模糊，使优化后的图像的物体轮廓与真实目标轮廓匹配度高，从而精确地提取高光谱遥感影像中反映场景目标材质的纯净光谱反射特征，提高了分类精度。③提出的方法优于当前存在的较先进的高光谱影像分类方法。

本章接下来的结构如下。第 6.2 节简要介绍了传播滤波的原理，详细介绍了提出的基于传播滤波的方法，并针对高光谱遥感影像由于空间分辨率小的限制和地物分布的复杂性，滤波模板经常发生跨区域混合问题进行分析，给出相应的解决方案，以及将提出的算法应用到高光谱遥感影像特征提取中。第 6.3 节通过在 Indian Pines、Salinas 和 University of Pavia 场景中三个真实的高光谱遥感影像图的实验，验证算法的有效性，并和前沿的高光谱遥感影像特征提取算法和分类算法进行客观对比；第 6.4 节对算法进行总结。

6.2 提出的方法

6.2.1 传播滤波

传播滤波[163] 是一种平滑滤波，其中过滤后输出的高光谱遥感影像像素值由下式加权获取：

$$O'_s = \frac{1}{Z_s} \sum_{t \in N_s} \omega_{s,t} I_t \tag{6-1}$$

其中，$z_s = \sum_{t \in N_s} \omega_{s,t}$ 是对中心像素点 s 进行传播滤波的归一化因子，N_s 是中心像素点 s 的相邻像素集(窗口为 $(2w+1) \times (2w+1)$)，$\omega_{s,t}$ 是对像素点 s 执行滤波的相邻像素集的每一个像素点 t 的权重，I_t 是高光谱影像像素点 t 的像素值。

$\omega_{s,t} = P(s \rightarrow t)$ 被定义为像素 s 和相邻像素 t 之间的权重，如果 $t = s$，有 $\omega_{s,s} = P(s \rightarrow s) = 1$，否则

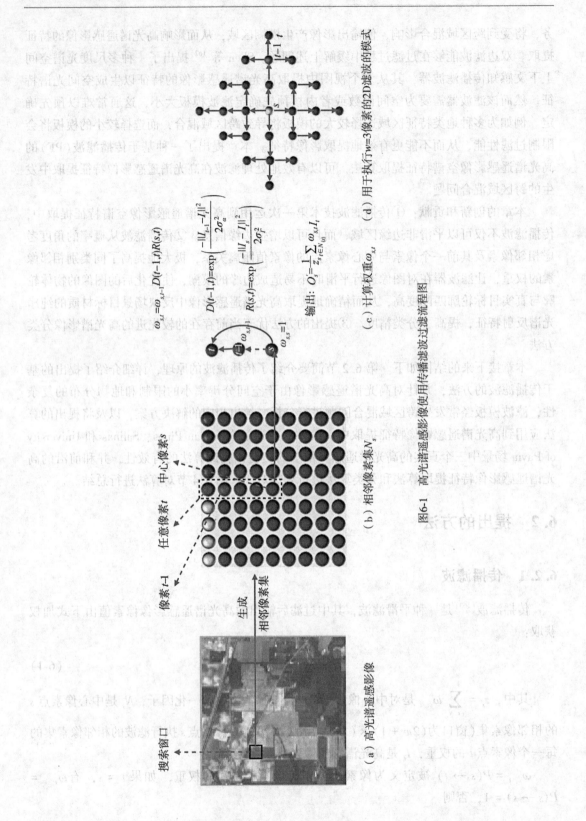

$$\omega_{s,t} = \omega_{s,t-1} D(t-1,t) R(s,t)$$

$$D(t-1,t) = \exp\left(\frac{-\|U_{t-1} - I_t\|^2}{2\sigma_a^2}\right)$$

$$R(s,t) = \exp\left(\frac{-\|I_s - I_t\|^2}{2\sigma_f^2}\right)$$

输出: $O_s' = \frac{1}{z_s} \sum_{t \in N_{(s)}} \omega_{s,t} I_t$

（b）相邻像素集 N_s

（c）计算权重 $\omega_{s,t}$

（d）用于执行 $w=3$ 像素的的 2D 滤波的模式

中心像素 s

任意像素 t

像素 $t-1$

生成

相邻像素集

搜索窗口

（a）高光谱遥感影像

图 6-1　高光谱遥感影像使用传播滤波过滤流程图

$$\omega_{s,\,t} \equiv \omega_{s,\,t-1} D(t-1,\,t) R(s,\,t) \tag{6-2}$$

其中，$D(t-1,\,t)$ 和 $R(s,\,t)$ 被定义为：

$$D(t-1,\,t) = g(\|I_{t-1} - I_t\|;\ \sigma_\alpha) \tag{6-3}$$

$$R(s,\,t) = g(\|I_s - I_t\|;\ \sigma_\gamma) \tag{6-4}$$

函数 $g(\cdot)$ 表示高斯函数。

$$g(\|I_{t-1} - I_t\|;\ \sigma_\alpha) = \exp\left(\frac{-\|I_{t-1} - I_t\|^2}{2\sigma_\alpha^2}\right) \tag{6-5}$$

$$g(\|I_s - I_t\|;\ \sigma_\gamma) = \exp\left(\frac{-\|I_s - I_t\|^2}{2\sigma_\gamma^2}\right) \tag{6-6}$$

在这里，设 $\sigma_\alpha = \sigma_\gamma$，$D(\cdot) = R(\cdot)$。

6.2.2 基于传播滤波的空谱特征提取算法

如图 6-1(a)所示，在高光谱遥感影像中，跨区域混合问题非常普遍，尤其空间分辨率越低，地物类别数越多，这种现象越明显[164]。随着距离增加，样本增多，像素被混合的可能性越大。本章利用传播滤波可以处理跨区域混合的优势，提出了基于传播滤波的高光谱遥感影像特征提取算法[163]。如式(6-1)~式(6-6)和图 6-1(b)~图 6-1(d)所示，传播滤波在高光谱遥感影像中通过对相邻像素进行加权求和来表示生成新的中心像素。在这种情况下，一方面相邻像素集内相邻像素 t 和中心像素 s 以及像素 $t-1$ 都是相同物质，像素 t 权重较大。在图 6-1(d)中，所选择的像素 $t-1$ 接近像素 t 并指向像素 t，其中像素 s 为黄色，像素 t 为红色，像素 $t-1$ 为绿色。否则，在相邻像素集内出现混合像素，即 t、s、$t-1$ 中至少有一个像素是不同物质，则像素 t 权重较小。因此，传播滤波确保同一类别像素的相似特征得到增强，抑制了跨区域混合像素的影响。

另外，为了提高传播滤波在高光谱遥感影像中特征提取的性能，在过滤之前执行 PCA。高光谱遥感影像经过 PCA 降维处理，在更新的像素中大大减少了波段之间的冗余信息。尽管高光谱遥感影像在 PCA 处理后会丢失一小部分信息，但是它将高光谱遥感影像保留下来的波段按信息重要的程度进行排列，经过传播滤波处理后，使重要的特征更明显，不重要的特征更弱化，因此有利于传播滤波的特征提取，提高了分类器的精度。

具体的处理流程如图 6-2 所示，首先利用 PCA 对高光谱遥感影像进行降维去除波段间的冗余信息以获得高光谱遥感影像的主要成分，然后利用传播滤波对 PCA 特征进行过滤，在遇到跨区域混合时，不分配或者尽可能小地分配跨区域混合像素的权重，从而避免或者有效减缓跨区域混合的影响。通过该技术，所提出的方法可以准确地提取真实物体的空谱特征。最后，为了验证提出方法的有效性，将使用 SVM 分类器对提取的高光谱遥感影像空谱特征进行分类。算法 6-1 具体描述了基于传播滤波的高光谱遥感影像特征提取算法。

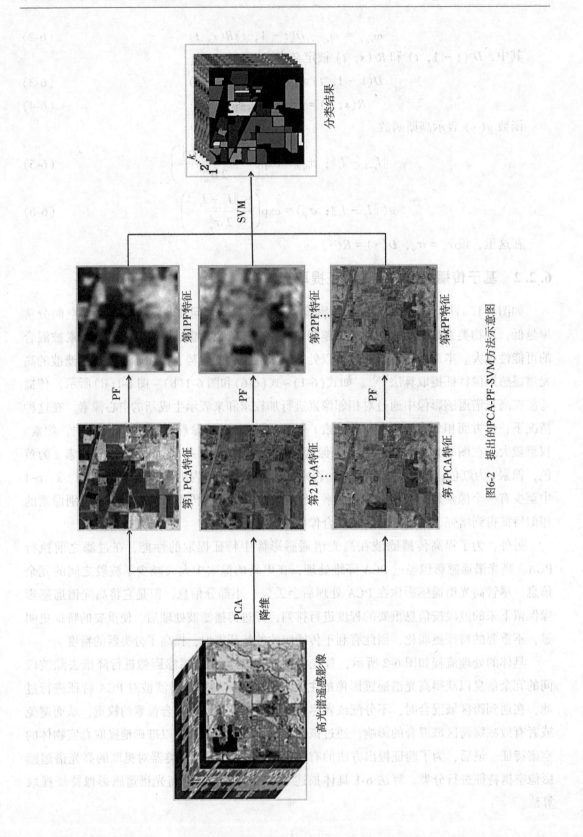

图6-2　提出的PCA-PF-SVM方法示意图

算法 6-1：基于传播滤波的高光谱遥感影像特征提取算法

输入：高光谱遥感影像 $I = (I_1, I_2, \cdots, I_n) \in R^{d \times n}$，$d$ 是维数，n 是像素的数量；滤波窗口大小 w 和值域高斯函数标准差 $\sigma_\alpha(\sigma_\gamma)$。

　　输出：空谱特征 $O' = (O_1', O_2', \cdots, O_n') \in R^{k \times n}$。

BEGIN：

（1）使用 PCA 将高光谱遥感影像 I 从 d 维降到 k 维，得到处理后的高光谱遥感影像 $I' = (I_1, I_2, \cdots, I_n) \in R^{k \times n}$；

For　　$n = 1: k$

（2）使用式（6-6）计算像素 s 和像素 t 的像素值距离；

（3）使用式（6-5）计算像素 s 和像素 $t-1$ 的像素值距离；

（4）使用式（6-2）计算相邻像素集像素 t 的权值 $\omega_{s,t}$；

（5）使用式（6-1）计算执行传播滤波后像素 s 的输出值 O_s'；

End

（6）输出图像特征 $O' = (O_1', O_2', \cdots, O_n') \in R^{k \times n}$。

END

6.3　实验

6.3.1　数据描述

为了验证提出方法的有效性，本章对 Indian Pines、Salinas 和 University of Pavia 三个真实的遥感影像数据进行实验。

在本章中，为了验证所提出的方法在三个实验中的性能，每个高光谱遥感影像数据集的训练样本和测试样本都是随机选择的。在表 6-1 所示的实验中，每个类别随机选择 20 个标签样本作为训练样本，其余的用作测试样本，当类别样本数量的 1/2 少于随机样本数量时，取该类样本数量的 1/2 作为该类别的训练样本，其余作为测试样本。

6.3.2　算法比较

在本章中，提出的 PCA-PF-SVM 分类算法与其他被广泛使用的高光谱遥感影像分类算法比较，包括 SVM[111]、PCA-SVM[165]、PCA-Gabor-SVM[122]、EPF-SVM[108]、HiFi[106]、LBP-SVM[105]、R-VCANet-SVM[134] 和 PF-SVM。这些算法的参数使用相关文献中提供的默认设置，算法的源代码由相关文献的作者提供。SVM 分类器基于 libsvm 库，同时通过五重交叉验证确定 SVM 分类器的最佳参数。总体分类精度、平均分类精度和 Kappa 系数用于评估算法的性能。总体分类精度表示分类结果与参考分类结果一致的概率。平均分类精度指的是每个类别的正确分类像素的百分比的平均值，Kappa 系数用于一致性检查。

6.3.3　参数设置分析

本章提出的 PCA-PF-SVM 方法有三个很重要的参数：滤波标准差（σ_α）、窗口大小（w）和特征维数（k）。为了测试不同参数对提出方法的影响，本章在 Indian Pines 场景上进行了大量的实验。其中，σ_α 的范围为 0.5~2、w 的范围为 1~40、k 的范围为 10~80。当分析其中一个改变时，另外两个是固定的。例如，当分析 σ_α 的影响时，另外两个固定为 $w = 8$ 和 $k = 45$。同理分析 w 和 k 也是一样的。如图 6-3(a) 所示，当 $\sigma_\alpha = 1.5$ 时，总体分类精度获得理想的效果。当 $\sigma_\alpha < 1.5$ 时，分类精度随着 σ_α 的减小而减小，主要原因是 σ_α 太小，图像过于平滑。当 $\sigma_\alpha > 1.5$ 时，分类精度保持相对稳定，因为在滤波器参数达到一定值后，滤波器抑制不良信息的能力提高。如图 6-3(b) 所示，当 $w = 8$ 时，获得最好的总体分类精度。主要原因是如果窗口太小，大量重要的空间信息将会被忽略，而如果窗口过大，将会包含大量不相关的信息，减少重要空间信息的作用，从而降低分类精度。如图 6-3(c) 所示，随着 PCA 维度的增加，总体分类精度变得越来越大。当维度达到 45 时，总体分类精度提高的趋势变小。本章的实验权衡了分类精度和计算的复杂度，取 $k = 45$。所以在本章的所有实验中，参数设置为：$\sigma_\alpha = 1.5$，$w = 8$ 和 $k = 45$。

6.3.4　实验结果

（1）提出的 PCA-PF-SVM 算法具有很强的空间能力。从图 6-4~图 6-6 和表 6-2~表 6-4 可以看出，PCA-PF-SVM 算法的总体分类精度、平均分类精度、Kappa 系数三个指标优于光谱分类方法。在 Indian Pines、Salinas 和 University of Pavia 三个数据集中，提出的 PCA-PF-SVM 算法比 PCA-SVM 算法的总体分类精度分别高 36.14%、8.87% 和 17.78%，比 SVM 算法的总体分类精度分别高 25.32%、11.15% 和 14.68%。其主要原因是光谱分类方法没有考虑空间信息，而本章提出的方法充分考虑了空间信息。实验结果验证了提出的方法在空谱特征提取中是有效的。

（2）验证了 PCA 与传播滤波结合对高光谱遥感影像空谱特征提取是有效的。从图 6-4~图 6-6 和表 6-2~表 6-4 可以看出，PCA 对高光谱遥感影像降维并不能有效提高 SVM 分类性能，甚至会降低 SVM 算法的分类性能，如 Indian Pines 场景中 PCA-SVM 算法的总体分类精度比 SVM 算法低，主要原因是 PCA 降维保留了高光谱的主要信息，却也损失了小部分信息，从而影响 SVM 算法的分类精度。然而，PCA 和传播滤波结合使用，能大大提升彼此的性能。在 Indian Pines、Salinas 和 University of Pavia 三个数据集中，提出的 PCA-PF-SVM 算法比 PF-SVM 算法的总体分类精度分别高 13.26%、3.42% 和 7.86%。实验结果说明本实验提出的算法在传播滤波过滤前使用 PCA 降维是必要的。

表 6-1　三个数据集的训练样本和测试样本分布

Indian Pines			Salinas			University of Pavia		
地物类别	训练样本	测试样本	地物类别	训练样本	测试样本	地物类别	训练样本	测试样本
苜蓿草地	20	26	野草 1	20	1989	柏油马路	20	18629
未耕玉米地	20	1408	野草 2	20	3706	草地	20	2079
玉米幼苗地	20	810	休耕地	20	1956	砂砾	20	3044
玉米地	20	217	粗糙的休耕地	20	1374	树木	20	1325
修剪过的草地/牧场	20	463	平滑的休耕地	20	2658	金属板	20	5009
草地/树林	20	710	残株	20	3939	裸土	20	1310
草地/牧场	14	14	芹菜	20	3559	柏油屋顶	20	3662
干草/料堆	20	458	野生的葡萄	20	11251	砖块	20	927
燕麦	10	10	正在开发的葡萄园土壤	20	6183	阴影	20	170
未耕大豆地	20	952	开始衰老的玉米地	20	3258			
大豆幼苗	20	2435	长叶莴苣 4wk	20	1048			
整理过的大豆地	20	573	长叶莴苣 5wk	20	1907			
小麦	20	185	长叶莴苣 6wk	20	896			
木柴	20	1245	长叶莴苣 7wk	20	1050			
建筑	20	366	未结果实的葡萄园	20	7248			
石头	20	73	葡萄园小路	20	1787			

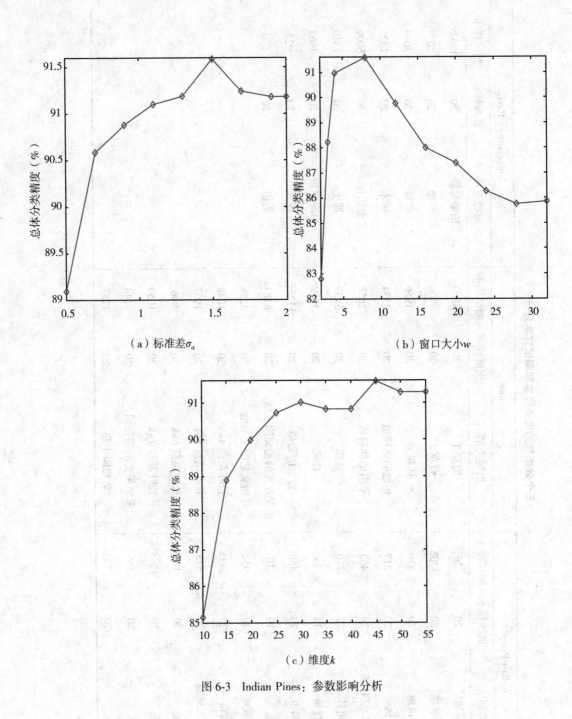

（a）标准差σ_α

（b）窗口大小w

（c）维度k

图 6-3　Indian Pines：参数影响分析

表6-2　不同方法在 Indian Pines 中的分类精度

地物类别	SVM	PCA-SVM	PCA-Gabor-SVM	PF-SVM	EPF-SVM	HiFi	LBP-SVM	R-VCANet-SVM	PCA-PF-SVM
苜蓿草地	55.00%	54.35%	70.27%	12.38%	57.78	100.00	46.58	100.00	54.55
未耕玉米地	52.16%	51.32%	81.18%	67.18%	85.80	84.94	89.95	65.41	95.22
玉米幼苗地	63.35%	25.22%	90.78%	77.55%	89.35	93.09	86.70	85.31	94.97
玉米地	53.33%	28.45%	82.20%	72.53%	43.06	87.10	91.85	97.24	91.44
修剪过的草地/牧场	82.80%	75.81%	97.37%	90.89%	92.93	92.01	88.72	91.36	72.16
草地/树林	85.91%	86.62%	96.19%	87.59%	91.93	97.61	85.70	96.48	100.00
草地/牧场	37.14%	53.85%	45.16%	35.00%	82.35	100.00	30.00	100.00	18.92
干草/料堆	97.89%	99.76%	88.59%	100.00%	100.00	99.78	88.49	99.13	100.00
燕麦	27.27%	38.89%	24.39%	8.85%	100.00	100.00	13.89	100.00	45.45
未耕大豆地	57.38%	29.14%	95.84%	68.79%	66.32	93.70	74.14	83.61	84.34
小豆幼苗	71.57%	51.75%	87.75%	91.33%	92.13	78.52	97.06	71.79	95.90
整理过的大豆地	37.88%	36.69%	93.13%	68.58%	52.77	94.24	85.89	87.43	88.51
小麦	88.14%	96.83%	77.02%	95.81%	100.00	99.46	83.12	99.46	95.85
木柴	92.55%	93.98%	95.49%	96.61%	96.94	98.23	99.84	95.74	100.00
建筑	39.31%	53.67%	90.20%	74.44%	88.99	93.99	95.87	95.36	72.58
石头	95.77%	87.65%	76.04%	34.45%	87.95	100.00	78.43	100.00	87.01
总体分类精度	66.27%	55.45%	88.99%	78.33%	83.03	89.82	88.70	83.23	91.59
平均分类精度	64.84%	60.25%	80.73%	67.62%	83.02	94.54	77.26	91.77	81.06
Kappa系数	0.62	0.50	0.87	0.76	0.81	0.88	0.87	0.81	0.90

表 6-3　不同方法在 Salinas 中的分类精度

地物类别	SVM	PCA-SVM	PCA-Gabor-SVM	PF-SVM	EPF-SVM	HiFi	LBP-SVM	R-VCANet-SVM	PCA-PF-SVM
野草 1	98.05%	100.00%	88.18%	98.07%	100.00%	98.49%	99.40%	99.90%	100.00%
野草 2	99.37%	99.43%	88.99%	99.92%	99.89%	98.70%	99.26%	99.84%	99.84%
休耕地	91.22%	94.35%	82.46%	93.93%	94.91%	99.80%	97.92%	99.39%	100.00%
粗糙的休耕地	97.68%	94.41%	73.87%	86.13%	97.86%	97.45%	83.89%	99.56%	91.79%
平滑的休耕地	97.00%	95.24%	81.13%	97.62%	99.96%	88.75%	97.28%	99.62%	99.52%
残株	100.00%	99.95%	92.22%	99.95%	99.92%	99.59%	95.13%	99.97%	99.97%
芹菜	99.94%	100.00%	96.04%	98.22%	100.00%	96.60%	94.66%	98.17%	100.00%
野生的葡萄	72.98%	76.85%	92.01%	91.63%	82.04%	82.13%	91.57%	78.54%	95.28%
正在开发的葡萄园土壤	98.59%	99.00%	97.29%	99.49%	99.48%	99.97%	99.97%	99.26%	99.97%
开始衰老的玉米地	79.39%	93.32%	64.75%	92.48%	85.06%	87.97%	99.04%	94.69%	97.76%
长叶莴苣 4wk	93.65%	91.02%	95.66%	95.42%	98.21%	96.18%	98.96%	98.76%	100.00%
长叶莴苣 5wk	94.34%	91.97%	97.63%	96.07%	100.00%	99.48%	99.89%	100.00%	100.00%
长叶莴苣 6wk	93.37%	91.14%	84.29%	76.19%	96.10%	97.21%	92.64%	94.31%	98.33%
长叶莴苣 7wk	92.29%	94.26%	90.26%	99.41%	99.20%	92.67%	95.97%	96.86%	93.09%
未结果实的葡萄园	54.30%	58.25%	73.37%	77.59%	73.97%	73.17%	83.00%	85.32%	85.01%
葡萄园小路	94.44%	99.54%	94.03%	98.59%	99.49%	96.75%	99.17%	99.27%	95.21%
总体分类精度	84.96%	87.24%	85.67%	92.69%	91.41%	90.50%	93.97%	91.58%	96.11%
平均分类精度	91.04%	92.42%	87.01%	93.80%	95.38%	94.06%	95.48%	96.05%	97.24%
Kappa 系数	0.83	0.86	0.84	0.92	0.90	0.89	0.93	0.91	0.96

表 6-4　不同方法在 University of Pavia 中的分类精度

地物类别	SVM	PCA-SVM	PCA-Gabor-SVM	PF-SVM	EPF-SVM	HiFi	LBP-SVM	R-VCANet-SVM	PCA-PF-SVM
柏油马路	87.52%	82.14%	72.39%	85.47%	98.05%	80.40%	84.36%	79.96%	92.30%
草地	91.00%	90.51%	95.96%	97.60%	97.40%	89.74%	97.98%	83.39%	99.47%
砂砾	61.72%	39.42%	75.01%	56.17%	89.16%	82.92%	72.93%	88.12%	84.96%
树木	70.10%	79.54%	40.27%	80.30%	96.20%	83.64%	51.19%	96.75%	76.68%
金属板	98.42%	100.00%	88.21%	99.25%	95.05%	99.17%	86.32%	100.00%	99.92%
裸土	46.04%	53.61%	68.69%	70.30%	64.27%	89.72%	75.02%	93.57%	84.80%
柏油屋顶	54.64%	32.06%	78.94%	71.72%	58.20%	96.79%	76.85%	99.01%	85.61%
砖块	80.23%	57.68%	80.20%	60.79%	76.20%	92.55%	78.43%	88.39%	79.43%
阴影	100.00%	99.35%	49.44%	83.23%	99.89%	99.46%	45.34%	100.00%	96.95%
总体分类精度	75.73%	72.63%	76.58%	82.55%	87.00%	88.48%	81.82%	87.03%	90.41%
平均分类精度	76.63%	70.48%	72.12%	78.31%	86.05%	90.49%	74.27%	91.17%	88.90%
Kappa 系数	0.69	0.65	0.70	0.78	0.83	0.83	0.76	0.83	0.89

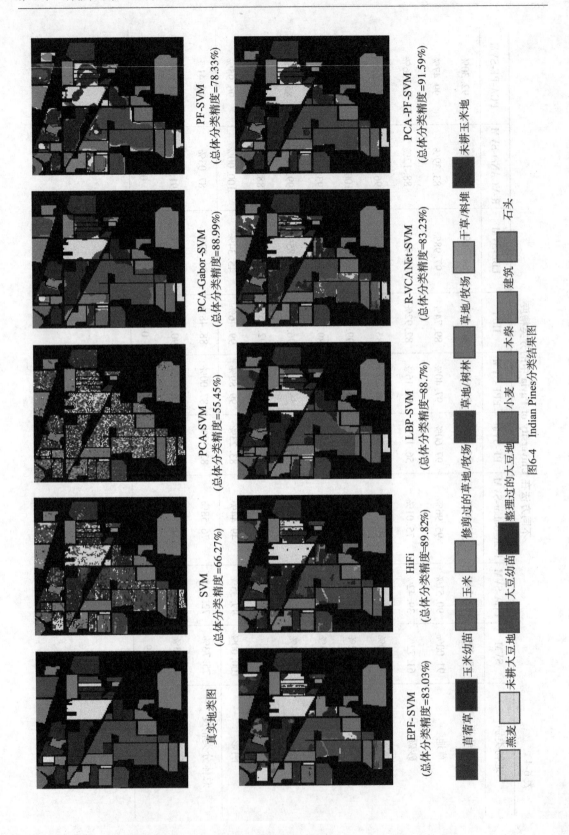

图6-4　Indian Pines分类结果图

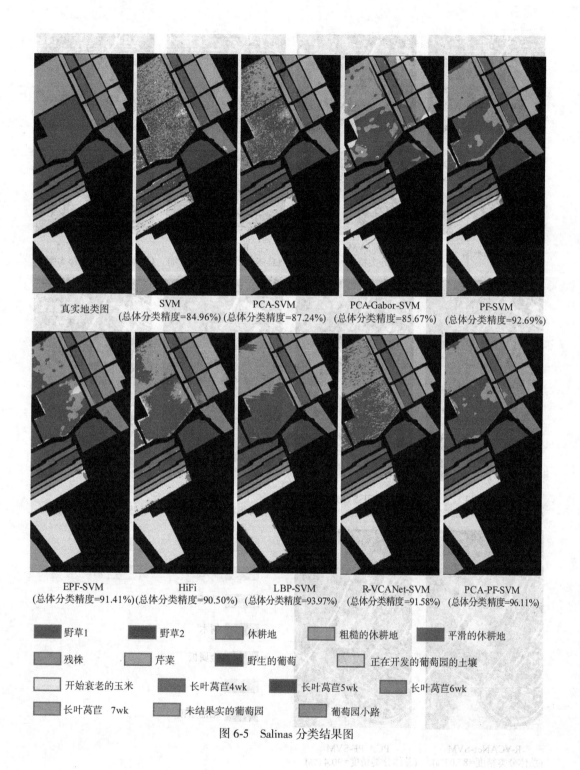

真实地类图　　SVM　　　　PCA-SVM　　　PCA-Gabor-SVM　　　PF-SVM
(总体分类精度=84.96%) (总体分类精度=87.24%) (总体分类精度=85.67%) (总体分类精度=92.69%)

EPF-SVM　　　HiFi　　　　LBP-SVM　　　R-VCANet-SVM　　　PCA-PF-SVM
(总体分类精度=91.41%)(总体分类精度=90.50%) (总体分类精度=93.97%) (总体分类精度=91.58%) (总体分类精度=96.11%)

野草1　　野草2　　休耕地　　粗糙的休耕地　　平滑的休耕地

残株　　芹菜　　野生的葡萄　　正在开发的葡萄园的土壤

开始衰老的玉米　　长叶莴苣4wk　　长叶莴苣5wk　　长叶莴苣6wk

长叶莴苣 7wk　　未结果实的葡萄园　　葡萄园小路

图 6-5　Salinas 分类结果图

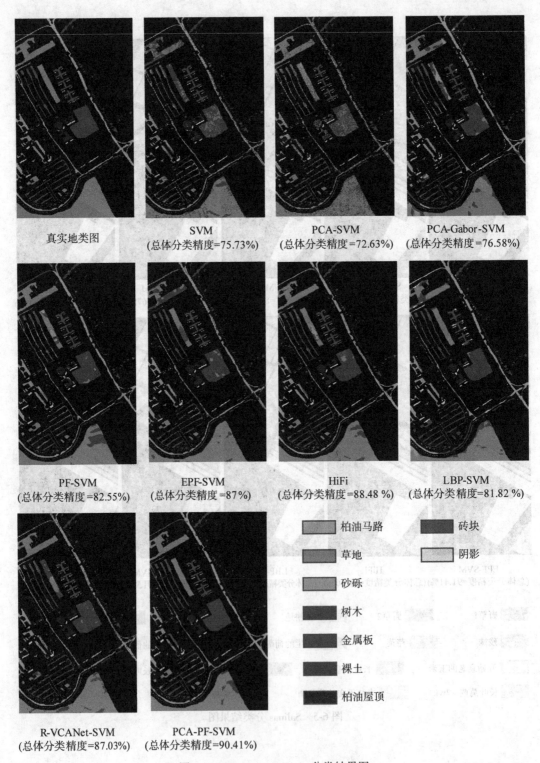

图 6-6　University of Pavia 分类结果图

表 6-5　　PCA-Gabor-NRS、PCA-PF-NRS、LBP-ELM 和 PCA-PF-ELM 在 Indian Pines 中的分类结果

每类地物训练样本数量	PCA-Gabor-NRS			PCA-PF-NRS			LBP-ELM			PCA-PF-ELM		
	总体分类精度	平均分类精度	Kappa	总体分类精度	平均分类精度	Kappa	总体分类精度	平均分类精度	Kappa	总体分类精度	平均分类精度	Kappa
10	68.46%	61.32%	0.65	84.50%	76.99%	0.83	80.89%	89.16%	0.79	83.15%	90.43%	0.81
20	82.56%	75.63%	0.80	90.82%	83.84%	0.90	88.37%	93.62%	0.87	91.44%	95.32%	0.90
30	88.93%	83.28%	0.87	93.73%	87.69%	0.93	92.57%	96.09%	0.92	94.35%	96.81%	0.94
40	91.99%	87.17%	0.91	94.79%	89.67%	0.94	94.42%	96.76%	0.94	95.69%	97.68%	0.95
50	93.71%	89.21%	0.93	95.72%	90.08%	0.95	95.76%	97.77%	0.95	97.08%	98.37%	0.97

表 6-6　　PCA-Gabor-NRS、PCA-PF-NRS、LBP-ELM 和 PCA-PF-ELM 在 Salinas 中的分类结果

每类地物训练样本数量	PCA-Gabor-NRS			PCA-PF-NRS			LBP-ELM			PCA-PF-ELM		
	总体分类精度	平均分类精度	Kappa	总体分类精度	平均分类精度	Kappa	总体分类精度	平均分类精度	Kappa	总体分类精度	平均分类精度	Kappa
10	57.53%	55.95%	0.54	93.54%	95.64%	0.93	90.41%	92.92%	0.89	93.22%	96.70%	0.92
20	75.74%	75.55%	0.73	95.97%	97.46%	0.96	94.90%	96.47%	0.94	95.96%	98.12%	0.96
30	87.62%	88.11%	0.86	96.91%	98.24%	0.97	96.46%	97.84%	0.96	96.58%	98.49%	0.96
40	91.94%	92.20%	0.91	97.41%	98.48%	0.97	97.69%	98.38%	0.97	97.90%	98.99%	0.98
50	94.85%	94.8%	0.94	97.93%	98.74%	0.98	98.02%	98.67%	97.79	98.40%	99.23%	0.98

表 6-7　　PCA-Gabor-NRS、PCA-PF-NRS、LBP-ELM 和 PCA-PF-ELM 在 University of Pavia 中的分类结果

每类地物训练样本数量	PCA-Gabor-NRS			PCA-PF-NRS			LBP-ELM			PCA-PF-ELM		
	总体分类精度	平均分类精度	Kappa	总体分类精度	平均分类精度	Kappa	总体分类精度	平均分类精度	Kappa	总体分类精度	平均分类精度	Kappa
10	50.86%	51.76%	0.41	80.73%	78.73%	0.75	73.98%	76.15%	0.67	82.18%	82.47%	0.77
20	63.07%	62.57%	0.55	89.18%	86.87%	0.86	82.47%	82.90%	0.78	89.42%	89.09%	0.86
30	69.39%	67.65%	0.62	93.06%	91.04%	0.91	86.52%	86.42%	0.82	91.13%	91.26%	0.88
40	76.64%	75.21%	0.71	94.48%	92.77%	0.93	88.83%	87.93%	0.85	92.69%	92.52%	0.90
50	82.26%	81.09%	0.78	95.21%	93.73%	0.94	90.77%	90.36%	0.88	94.60%	93.42%	0.93

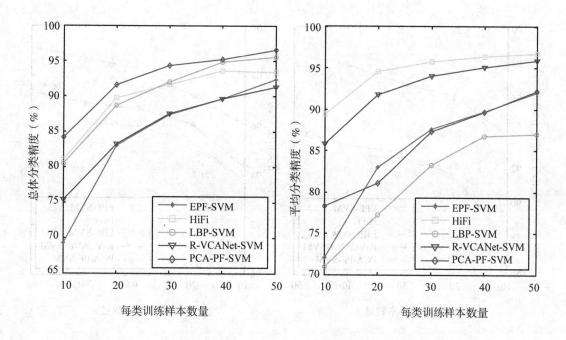

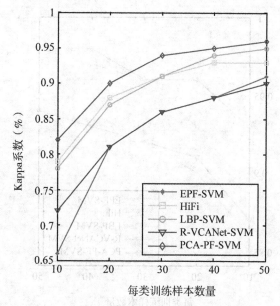

图 6-7　训练样本在 Indian Pines 中的影响

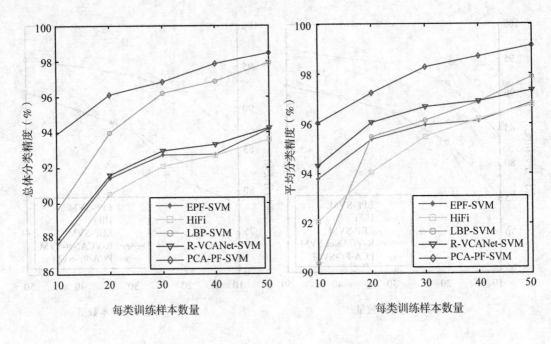

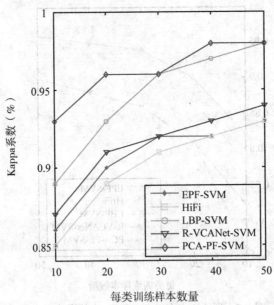

图 6-8 训练样本在 Salinas 中的影响

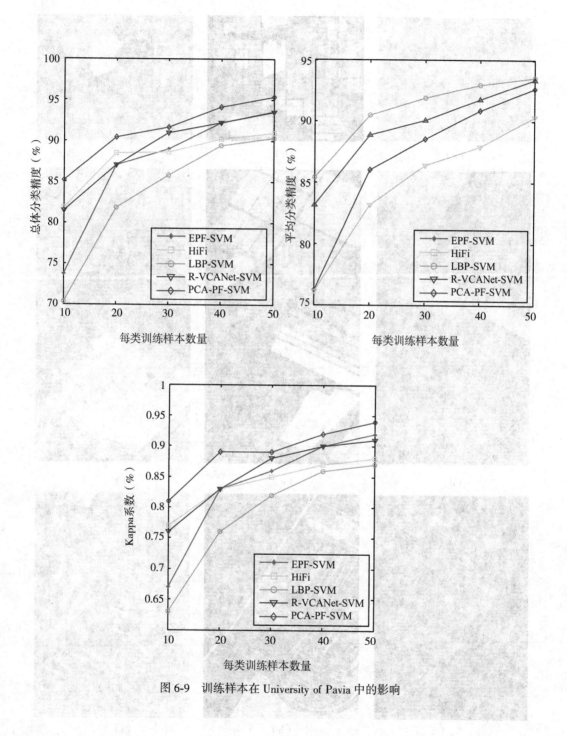

图 6-9　训练样本在 University of Pavia 中的影响

图 6-10　PCA-PF-SVM 在□个数据集中的影响：(a) (b) (c) (d) 数据集 Indian Pine
Datasets of Scene 的分析；(图中□□□ (PCA-PF-band 频率区间 (□) (□) (□)) 是在样本 95%
内的 RBF 核 (□□□ (□□□) 是在□□内的。

图 6-10　PCA-PF-SVM 在三个数据集中的分类图。(a)、(d)、(g) 分别是 Indian Pines、University of Pavia 和 Salinas 伪彩色合成图（RGB＝band 50-27-17）；(b)、(e)、(h) 是真实地类分类结果图；(c)、(f)、(i) 是全分类结果图

（3）提出的算法比其他先进的分类算法有效。从图 6-4~图 6-6 和表 6-2~表 6-4 中可以看出，和先进的 HiFi、LBP-SVM 和 R-VCANet-SVM 算法比较，提出的 PCA-PF-SVM 算法在总体分类精度和 Kappa 上显示了非常好的性能。在 Indian Pines、Salinas 和 University of Pavia 三个数据集中，提出的 PCA-PF-SVM 算法分别比 HiFi 算法的总体分类精度高 1.77%、5.61%和 1.93%，比 LBP-SVM 算法高 2.89%、2.14%和 8.59%，比 R-VCANet-SVM 算法高 8.36%、4.53%和 3.38%。

（4）验证了所提出的 PCA-PF-SVM 算法的鲁棒性。从图 6-7~图 6-9 和表 6-5~表 6-7 可以看出，随着训练样本的数量从 10 增加到 50，所提出的 PCA-PF-SVM 算法实现了最高的总体分类精度。当训练样本数量很少时，它的优势尤为明显。例如，当每类训练样本数量为 10，本章的方法比其他方法的总体分类精度在 Indian Pines 数据集中具有 3.12% ~ 36.31%的优势，在 Salinas 数据集中具有 3.5%~20.29%的优势，在 University of Pavia 数据集中具有 3.31%~23.43%的优势。这是一个非常有意义的结果，因为它意味着可以使用少量的标签样本来区分大量的非标签样本，从而大大提高了工作效率，这进一步说明了所提出方法的鲁棒性。

（5）实验结果表明，该方法可用于解决高光谱遥感影像的跨区域混合问题。图 6-10 给出了 PCA-PF-SVM 分类后的完整分类图和真实地类分类图。所提出的方法在跨区域混合问题上获得了很好的结果。对于三幅图中由白框标记的跨区域，传播滤波可以减少跨区域问题，从而保持较好的图像特征并提高进一步的分类精度。

（6）关于结果的统计评估：为了进一步验证所得到的 Kappa 是否具有统计学意义，我们使用配对 t 检验来显示关于结果的统计学评估。t-test 在许多相关研究中经常被广泛使用[166][167][168]。假设：只有当方程（6-7）有效时，PCA-PF-SVM 的平均 Kappa 大于比较算法：

$$\frac{(\overline{a_1} - \overline{a_2})\sqrt{n_1 + n_2 - 2}}{\sqrt{\left(\frac{1}{n_1} + \frac{1}{n_2}\right)(n_1 s_1^2 + n_2 s_2^2)}} > t_{1-a}[n_1 + n_2 - 2] \tag{6-7}$$

其中，$\overline{a_1}$ 和 $\overline{a_2}$ 分别为 PCA-PF-SVM 和比较算法的平均值，s_1 和 s_2 是相应的标准差，n_1 和 n_2 是实验的次数，在本章设置为 10。图 6-11 中的配对 t 检验表明，Kappa 在三个数据集中均达到统计学意义（在 95%的水平）。

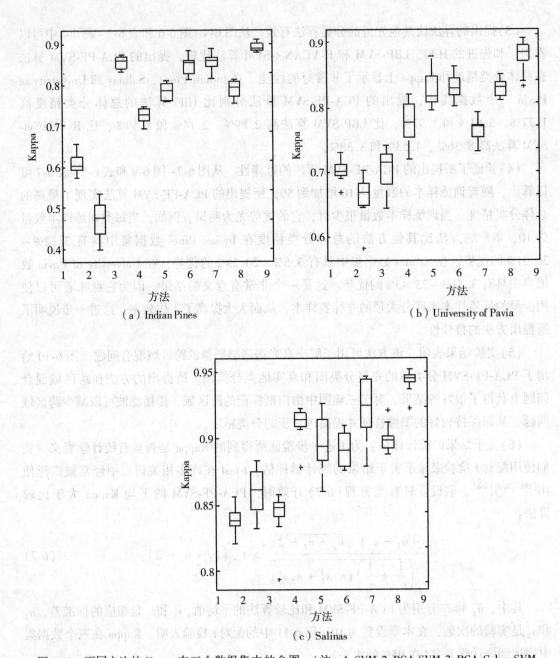

（a）Indian Pines

（b）University of Pavia

（c）Salinas

图 6-11　不同方法的 Kappa 在三个数据集中的盒图。（注：1. SVM 2. PCA-SVM 3. PCA-Gabor-SVM 4. PF-SVM 5. EPF-SVM 6. HiFi 7. LBP-SVM 8. R-VCANet-SVM 9. PCA-PF-SVM。中线是中值，盒子边缘是第 25% 和第 75% 的位置；线延伸至极值，异常值用"+"表示。）

6.4　结论

　　本研究的动机是开发一种简单的特征提取算法来处理高光谱遥感影像的跨区域混合问题。通过传播滤波算法提取高光谱遥感影像的空谱特征，然而，高光谱遥感影像的高维问题在一定程度上影响了传播滤波的表现。为了确保效果，基于高光谱遥感影像的特性，使用 PCA 进行降维，提出了组合 PCA-PF 特征提取算法。为了评估所提算法的性能，分析了具有不同复杂度的跨区域混合问题的三个经典数据集，并且使用了比较实验。结果表明，该算法有效地解决了跨区域混合问题。此外，本章提出了基于双边滤波的特征提取算法，使用 NRS 和 ELM 进行分类，并与 PCA-Gabor-NRS 和 LBP-ELM 进行比较。如表 6-6~表 6-8 所示，分类结果表明本章提出的基于双边滤波的空谱特征提取及分类算法可以获得比 PCA-Gabor-NRS 和 LBP-ELM 算法更好的结果。

第7章　总结与展望

高光谱遥感技术是近几十年遥感领域最重要的进展之一，能够以人眼无法看到的颜色看到地球，可以区分以前无法区分的地物特征，物质分类越精细，频谱分辨率需要越高。它结合了传统遥感和频谱分析两种图像技术，利用这两种技术的结合，识别和研究物体的物理特性，分析复合元素，同时检测空间特征，为更有效、更准确地区分物体提供详细的信息。高光谱遥感影像由于外界环境、传感器和影像自身特性的影响，获取的影像缺乏必要的识别特征。由于高光谱遥感影像在采集过程中环境变化和成像系统的性能影响，影像存在不同程度和不同形式的噪声，影响实际地物特征细节的判断；当选取的训练样本数量不满足高光谱遥感影像中光谱维数增加量时，就会出现小样本问题，使用现有的样本特征设计出的分类器效果不理想；当空间分辨率小和地物分布复杂时，会经常发生跨区域混合，即除目标地物特征外还混合有其他地物特征，影响对高光谱遥感影像本身的特征识别。基于改进滤波算法的高光谱遥感影像特征提取算法可以克服高光谱遥感影像成像系统的不足，突破成像环境的各种条件限制，利用基于改进滤波算法提取高光谱遥感影像可识别、高质量的样本特征，进而提高高光谱遥感影像分类精度，为高光谱遥感影像的应用提供了理论基础。

7.1　本书工作总结

本书以特征提取理论为主线，以高光谱遥感影像为研究对象，充分发挥改进的滤波算法提取高光谱遥感影像特征的优势，以鲁棒提取特征进行高光谱遥感影像分类算法为研究内容，分别从噪声影像的鲁棒表示，小样本影像的鲁棒表示和跨区域混合影像的鲁棒表示进行研究。主要研究成果为：

（1）分类优选双边滤波算法及高光谱遥感影像噪声处理。

双边滤波在模板内将会对空间距离近的非相似结构像素分配较大权重，会降低滤波的效果，影响高光谱遥感影像的特征提取。COBF的高光谱影像特征提取算法，将模板内像素进行分类优选，组成新的模板，进一步限制了空间距离近的非相似结构像素的影响，提高过滤效果，有效地提高了分类器的性能，提高了高光谱遥感影像的分类精度。

（2）三边平滑滤波算法及高光谱遥感影像噪声处理。

高光谱遥感影像在获取过程中，受到传感器、大气、光照变化等因素的影响，图像常会存在大量复杂噪声。双边滤波在执行滤波过程中，经常出现邻域中心点为噪声点的情况。此时，一方面双边滤波的空间邻近度函数对噪声不敏感，无法抑制噪声的影响；另一方面，灰度相似度测量函数对噪声敏感，但当邻域内中心为噪声点时，不能很好地表达像素之间的实际相似性，影响滤波的效果。三边平滑滤波的高光谱遥感影像特征提取算法，在双边滤波的基础上加入了邻域均值相似性判断函数，解决了双边滤波在高光谱遥感影像中空间临近测度函数对噪声不敏感的问题，解决了双边滤波在执行滤波过程中，邻域中心为噪声点时，灰度相似度测量函数不能很好地表达像素之间的实际相似性的不足，提高了高光谱遥感影像特征提取的有效性，同时提高了分类器的分类精度。

(3)超像素双边滤波算法及高光谱遥感影像小样本处理。

双边滤波的非相似结构像素加权限制的程度，直接影响双边滤波的效果。同一模板内，非相似结构像素的权值越小，目标像素的特征越明显。为了更好地降低非相似结构像素的影响，提出了一种超像素双边滤波算法提取高光谱遥感影像特征的算法。首先通过超像素分割算法将高光谱遥感影像分割成许多不同的区域，其中每个区域被认为是结构相似的；其次，使用双边滤波对每个分割区域进行处理，由于分割区域内像素的结构相似度极高，因此，经过过滤后的像素的特征更明显。

(4)传播滤波算法及高光谱遥感影像跨区域混合处理。

高光谱遥感影像由于空间分辨率小的限制和地物分布的复杂性，滤波模板经常发生跨区域混合，即滤波模板内除目标地物特征外还混合有其他地物特征。此时，执行平滑或者其他过滤任务，将受到跨区域混合的影响，使输出影像产生模糊区域，从而影响高光谱遥感影像的特征提取。传播滤波的高光谱遥感影像空谱特征提取算法，可以有效地处理滤波在高光谱遥感影像特征提取中发生的跨区域混合问题。

7.2 未来工作展望

高光谱遥感影像特征提取技术是当前遥感领域非常重要的研究课题之一，已经广泛应用于大气科学、农业、地质、林业、水文和环境监测等多个领域，该技术的研究具有重要的实际应用价值和理论意义。本书对基于改进滤波算法的高光谱遥感影像特征提取算法进行了一些尝试，提出了几种滤波提取高光谱遥感影像特征的算法，为将来进一步的研究奠定了一定的基础。

然而，在实际中，高光谱遥感影像采集过程极其复杂，成像过程受到外界环境、传感器和影像自身特性的影响，基于改进滤波的高光谱遥感影像特征提取技术仍然有很大的提升空间，其中有很多地方值得进一步深入探究：

(1)基于演化算法的滤波特征提取。在演化过程中，群体中的个体通过遗传算子产生新个体，保持群体的多样性，对新的空间进行搜索，以得到问题的全局最优解，自适应、自学习地挖掘出有用的特征。如何将演化算法和滤波算法进行结合，并形成演化滤波算法，使用最优解对滤波进行优化，更有效地提取高光谱遥感影像特征是未来值得研究的方向。

(2)基于多尺度的滤波特征提取。平滑滤波很难确定哪种级别的过滤是最合适的，单一窗口和单一滤波参数容易忽略异类地物边界和同类地物内部区别，也没有考虑不同空间模板大小内光谱数据差异，更强的平滑可以导致更好的空间表示，但同时导致更多的光谱信息丢失。因此，下一步的计划是将研究的滤波算法，运用多个窗口和多个参数，对高光谱遥感影像进行滤波特征提取，再利用不同尺度的滤波融合来联合光谱空间特征信息，实现简单而高效的地物分类。

参 考 文 献

[1]单杰.从专业遥感到大众遥感[J].测绘学报,2017,46(10):1434-1446.

[2]骆剑承,吴田军,夏列钢.遥感图谱认知理论与计算[J].地球信息科学学报,2016,18(5):578-589.

[3]童庆禧,张兵,张立福.中国高光谱遥感的前沿进展[J].遥感学报,2016,20(5):689-707.

[4]杜培军,夏俊士,薛朝辉,等.高光谱遥感影像分类研究进展[J].遥感学报,2016,20(2):236-256.

[5]张兵.高光谱图像处理与信息提取前沿[J].遥感学报,2016,20(5):1062-1090.

[6]张良培,李家艺.高光谱图像稀疏信息处理综述与展望[J].遥感学报,2016,20(5):1091-1101.

[7]龚文引,蔡之华,杨鸣.智能算法在高光谱遥感数据处理中的应用[M].武汉:中国地质大学出版社,2014.

[8]崔之熠.高光谱遥感资源探测算法设计与软件实现[D].成都:成都理工大学,2012.

[9]孙雨,聂江涛,田丰,等.相山铀矿岩芯HySpex成像高光谱数据蚀变矿物提取及其地质意义[J].地质与勘探,2015,51(1):165-174.

[10]Vanegas F, Bratanov D, Powell K, et al. A Novel Methodology for Improving Plant Pest Surveillance in Vineyards and Crops Using UAV-Based Hyperspectral and Spatial Data[J]. Sensors, 2018, 18(1):260.

[11]王崟,吴见.农作物种类高光谱遥感识别研究[J].地理与地理信息科学,2015,31(2):29-33.

[12]Zhang C, Ye H, Liu F, et al. Determination and Visualization of pH Values in Anaerobic Digestion of Water Hyacinth and Rice Straw Mixtures Using Hyperspectral Imaging with Wavelet Transform Denoising and Variable Selection[J]. Sensors, 2016, 16(2):244.

[13]潘邦龙,易维宁,王先华,等.湖泊水体高光谱遥感反演总磷的地统计算法设计[J].红外与激光工程,2012,41(5):1255-1260.

[14]田养军,薛春纪,马智民,等.曲波变换的高光谱遥感图像融合方法在土地利用调查中的应用[J].遥感学报,2009,13(2):313-319.

[15]Amato U, Antoniadis A, Carfora M, et al. Statistical Classification for Assessing PRISMA Hyperspectral Potential for Agricultural Land Use[J]. IEEE Journal of Selected Topics in Applied Earth Observations & Remote Sensing, 2013, 6(2):615-625.

[16]赵建虎，陆振波，王爱学．海洋测绘技术发展现状[J]．测绘地理信息，2017(6)：1-10.

[17]谭向农，刘淮，漆锟，等．高光谱遥感在农业生产中的应用及展望[J]．北京测绘，2017(1)：49-52.

[18]Laura M，André T，Christelle B，et al. Hyperspectral Imaging Applications in Agriculture and Agro-Food Product Quality and Safety Control：A Review[J]．Applied Spectroscopy Reviews，2013，48(2)：142-159.

[19]段瑞琪，董艳辉，周鹏鹏，等．高光谱遥感水文地质应用新进展[J]．水文地质工程地质，2017，44(4)：23-29.

[20]Jay S，Guillaume M，Minghelli A，et al. Hyperspectral remote sensing of shallow waters：Considering environmental noise and bottom intra-class variability for modeling and inversion of water reflectance[J]．Remote Sensing of Environment，2017，200：352-367.

[21]Ghamisi P，Plaza J，Chen Y，et al. Advanced Spectral Classifiers for Hyperspectral Images：A review[J]．IEEE Geoscience & Remote Sensing Magazine，2017，5(1)：8-32.

[22]Landgrebe D. Hyperspectral image data analysis[J]．Signal Processing Magazine IEEE，2002，19(1)：17-28.

[23]林娜，杨武年，王斌．基于 FLAASH 的 AVIRIS 高光谱影像大气校正[J]．地理空间信息，2013，11(04)：49-50，54，186.

[24]Puletti N，Camarretta N，Corona P. Evaluating EO1-Hyperion capability for mapping conifer and broadleaved forests[J]．European Journal of Remote Sensing，2016，49(1)：157-169.

[25]邵晖，王建宇．推帚式超光谱成像仪(PHI)关键技术[J]．遥感学报，1998，2(4)：251-254.

[26]薛永祺，王建宇．实用型模块化机载成像光谱仪(OMIS)[C]//中国空间科学学会青年遥感技术学术研讨会，1998.

[27]Kunke，糜强．ROSIS 高级成像光谱仪及其在海洋污染监测中的应用[J]．红外，1990(10)：31-34.

[28]郭洪周，房晓钟，张宗贵，等．澳大利亚机载成像光谱仪及其应用[J]．地质装备，2005，6(2)：31-33.

[29]何之棣．最新的遥感仪器——CASI[J]．国土资源遥感，1990(2)：61-62.

[30]Mitchell P，高国龙．超光谱数字图像收集实验仪器 HYDICE(下)[J]．红外，1998(12)：24-31.

[31]张霞，张兵，胡方超，等．航天成像光谱仪 CHRIS 辐射与光谱性能评价[J]．中国科学：技术科学，2006，36(s1)：85-93.

[32]Zhao W，Du S. Spectral-Spatial Feature Extraction for Hyperspectral Image Classification：

A Dimension Reduction and Deep Learning Approach[J]. IEEE Transactions on Geoscience & Remote Sensing, 2016, 54(8): 4544-4554.

[33]陈伟, 余旭初, 张鹏强, 等. 基于一类支持向量机的高光谱影像地物识别[J]. 计算机应用, 2011, 31(8): 2092-2096.

[34]张桂录. 高空间-高光谱分辨率的遥感图像城市场景分类识别研究[D]. 哈尔滨: 哈尔滨工业大学, 2014.

[35]魏祥坡. 高光谱影像土质要素和人工地物分类技术研究[D]. 郑州: 解放军信息工程大学, 2015.

[36]Liu L, Li C, Lei Y, et al. Feature extraction for hyperspectral remote sensing image using weighted PCA-ICA[J]. Arabian Journal of Geosciences, 2017, 10(14): 307.

[37]Yuan X, Zhang D, Wang C, et al. Hyperspectral Imaging and SPA-LDA Quantitative Analysis for Detection of Colon Cancer Tissue[J]. Journal of Applied Spectroscopy, 2018, 85: 1-6.

[38]Lunga D, Prasad S, Crawford M, et al. Manifold-Learning-Based Feature Extraction for Classification of Hyperspectral Data: A Review of Advances in Manifold Learning[J]. IEEE Signal Processing Magazine, 2013, 31(1): 55-66.

[39]Han T, Goodenough D. Investigation of Nonlinearity in Hyperspectral Imagery Using Surrogate Data Methods[J]. IEEE Transactions on Geoscience & Remote Sensing, 2008, 46(10): 2840-2847.

[40]Tenenbaum J, De V, Langford J. A global geometric framework for nonlinear dimensionality reduction[J]. Science, 2000, 290(5500): 2319-2323.

[41]Roweis S, Saul L. Nonlinear dimensionality reduction by locally linear embedding[J]. Science, 2000, 290(5500): 2323-2326.

[42]Lunga D, Prasad S, Crawford M, et al. Manifold-Learning-Based Feature Extraction for Classification of Hyperspectral Data: A Review of Advances in Manifold Learning[J]. IEEE Signal Processing Magazine, 2013, 31(1): 55-66.

[43]Han T, Goodenough D. Nonlinear feature extraction of hyperspectral data based onlocally linear embedding (LLE)[C]//Geoscience and Remote Sensing Symposi-um, 2005. IGARSS '05. Proceedings. 2005 IEEE International. IEEE, 2005: 1237-1240.

[44]Ma L, Crawford M, Tian J. Generalised supervised local tangent space alignment for hyperspectral image classification[J]. Electronics Letters, 2010, 46(7): 497-498.

[45]Sun W, Liu C, Shi B, et al. Low-dimension manifold feature extraction of hyper-spectral imagery using dimension reduction with Isomap[J]. Geomatics & Information Science of Wuhan University, 2013.

[46]Li Z, Jie Z, Hong H, et al. Semi-supervised Laplace Discriminant Embedding for Hyperspectral Image Classification[J]. Journal of Electronics & Information Technology, 2015,

37(4): 995-1001.

［47］Kivinen J, Smola A, Williamson R. Online learning with kernels［M］//Learning with kernels: MIT Press, 2002: 2165-2176.

［48］Kuo B, Li C, Yang J. Kernel Nonparametric Weighted Feature Extraction for Hyperspectral Image Classification［J］. IEEE Transactions on Geoscience & Remote Sensing, 2009, 47 (4): 1139-1155.

［49］Li W, Prasad S, Fowler J, et al. Locality-Preserving Discriminant Analysis in Kernel-Induced Feature Spaces for Hyperspectral Image Classification［J］. IEEE Geo-science & Remote Sensing Letters, 2011, 8(5): 894-898.

［50］Liao W, Pizurica A, Philips W, et al. A fast iterative kernel PCA feature extraction for hyperspectral images［C］//IEEE International Conference on Image Processing. IEEE, 2010: 1317-1320.

［51］Zhao C, Wang Y, et al. Kernel ICA Feature Extraction for Anomaly Detection in Hyperspectral Imagery［J］. Chinese Journal of Electronics, 2012, 76(1): 26-34.

［52］Zhao B, Gao L, Liao W, et al. A new kernel method for hyperspectral image feature extraction［J］. Geo-spatial Information Science, 2017, 20(4).

［53］Bengio Y, Courville A, Vincent P. Representation Learning: A Review and New Perspectives［J］. IEEE Transactions on Pattern Analysis & Machine Intelligence, 2013, 35(8): 1798-1828.

［54］Krizhevsky A, Sutskever I, Hinton G. ImageNet classification with deep convolu-tional neural networks［C］//International Conference on Neural Information Processing Systems. Curran Associates Inc. 2012: 1097-1105.

［55］Chen Y, Jiang H, Li C, et al. Deep Feature Extraction and Classification of Hyperspectral Images Based on Convolutional Neural Networks［J］. IEEE Transactions on Geoscience & Remote Sensing, 2016, 54(10): 6232-6251.

［56］Liu B, Yu X, Zhang P, et al. Supervised Deep Feature Extraction for Hyperspectral Image Classification［J］. IEEE Transactions on Geoscience & Remote Sensing, 2018, 56(4): 1909-1921.

［57］Song W, Li S, Fang L, et al. Hyperspectral Image Classification With Deep Feature Fusion Network［J］. IEEE Transactions on Geoscience & Remote Sensing, 2018, 99(1): 1-12.

［58］Zhou X, Prasad S. Deep Feature Alignment Neural Networks for Domain Adaptation of Hyperspectral Data［J］. IEEE Transactions on Geoscience & Remote Sensing, 2018, PP (99): 1-10.

［59］Plaza A, Plaza J, Martín G. Incorporation of spatial constraints into spectral mixture analysis of remotely sensed hyperspectral data［J］. Machine Learning for Signal Processing.

mlsp. ieee International Workshop on, 2009: 1-6.

[60] Fauvel M, Tarabalka Y, Benediktsson J, et al. Advances in Spectral-Spatial Classi-fication of Hyperspectral Images[J]. Proceedings of the IEEE, 2013, 101(3): 652-675.

[61] Mou L, Ghamisi P, Zhu X. Fully conv-deconv network for unsupervised spectral-spatial feature extraction of hyperspectral imagery via residual learning[C]//IEEE International Geoscience and Remote Sensing Symposium. IEEE, 2017: 5181-5184.

[62] Ren Y, Liao L, Maybank S, et al. Hyperspectral Image Spectral-Spatial Feature Extraction via Tensor Principal Component Analysis[J]. IEEE Geoscience & Remote Sensing Letters, 2017: 1-5.

[63] Sun Y, Wang S, Liu Q, et al. Hypergraph Embedding for Spatial-Spectral Joint Feature Extraction in Hyperspectral Images[J]. Remote Sensing, 2017, 9(5): 506.

[64] Zhang P, He H, Sun Z, et al. Supervised Feature Extraction of Hyperspectral Image by Preserving Spatial-Spectral and Local Topology[C]//International Conference on Intelligent Computing. Springer International Publishing, 2015: 682-692.

[65] Xia J, Chanussot J, Du P, et al. Spectral-Spatial Classification for Hyperspectral Data Using Rotation Forests With Local Feature Extraction and Markov Random Fields[J]. IEEE Transactions on Geoscience & Remote Sensing, 2015, 53(5): 2532-2546.

[66] Li J, Bruzzone L, Liu S. Deep feature representation for hyperspectral image classifi-cation[C]//Geoscience and Remote Sensing Symposium. IEEE, 2015: 4951-4954.

[67] Xia J, Bombrun L, Adali T, et al. Spectral-Spatial Classification of Hyperspectral Images Using ICA and Edge-Preserving Filter via an Ensemble Strategy[J]. IEEE Tran-sactions on Geoscience & Remote Sensing, 2016, 54(8): 4971-4982.

[68] Tu B, Zhang X, Wang J, et al. Spectral-Spatial Hyperspectral Image Classification via Non-local Means Filtering Feature Extraction[J]. Sensing & Imaging, 2018, 19(1): 11.

[69] Li T, Chen X, Chen G, et al. A wavelet and least square filter based spatial-spectral denoising approach of hyperspectral imagery[J]. Proceedings of SPIE—The International Society for Optical Engineering, 2009, 7513: 75132A-75132A-11.

[70] Wang Y, Song H, Zhang Y. Spectral-Spatial Classification of Hyperspectral Images Using Joint Bilateral Filter and Graph Cut Based Model[J]. Remote Sensing, 2016, 8(9): 748.

[71] Guo Y, Cao H, Han S, et al. Spectral-Spatial Hyperspectral Image Classification with K-Nearest Neighbor and Guided Filter[J]. IEEE Access, 2018, PP(99): 1-1.

[72] Song H, Chen G, Yang W. Principal component analysis for hyperspectral image classification[J]. Engineering of Surveying & Mapping, 2017, 62.

[73] Priya T, Prasad S, Wu H. Superpixels for Spatially Reinforced Bayesian Classifi-cation of Hyperspectral Images[J]. IEEE Geoscience & Remote Sensing Letters, 2015, 12(5): 1071-1075.

[74] Richards J, Jia X. Using Suitable Neighbors to Augment the Training Set in Hyper-spectral Maximum Likelihood Classification [J]. IEEE Geoscience & Remote Sensing Letters, 2008, 5(4): 774-777.

[75] Sun W, Liu C, Weiyue L I. Hyperspectral Imagery Classification Using the Combination of Improved Laplacian Eigenmaps and Improved k-nearest Neighbor Classifier [J]. Geomatics & Information Science of Wuhan University, 2015, 40(9): 1151-1156.

[76] Rojas-Moraleda R, Valous N, Gowen A, et al. A frame-based ANN for classification of hyperspectral images: assessment of mechanical damage in mushrooms [J]. Neural Computing & Applications, 2016, 28(Suppl 1): 1-13.

[77] Vapnik V. The Nature of Statistical Learning Theory [J]. Technometrics, 1997, 38 (4): 409-409.

[78] Kumar S, Ghosh J, Crawford M. Hierarchical Fusion of Multiple Classifiers for Hyperspectral Data Analysis [J]. Pattern Analysis & Applications, 2002, 5 (2): 210-220.

[79] Crawford M, Ham J, Chen Y, et al. Random forests of binary hierarchical classi-fiers for analysis of hyperspectral data [C]//Advances in Techniques for Analysis of Remotely Sensed Data, 2003 IEEE Workshop on. IEEE, 2011: 337-345.

[80] Macqueen J. Some Methods for Classification and Analysis of MultiVariate Observa-tions [C]//Proc. of, Berkeley Symposium on Mathematical Statistics and Probability, 1965: 281-297.

[81] Zhao J. Research on Hyperspectral Remote Sensing Images Classification Based on K-means Clustering [J]. Geospatial Information, 2016.

[82] Bruzzone L, Chi M, Marconcini M. A Novel Transductive SVM for Semisupervised Classification of Remote-Sensing Images [J]. IEEE Transactions on Geoscience & Remote Sensing, 2006, 44(11): 3363-3373.

[83] Dópido I, Li J, Marpu P, et al. Semisupervised Self-Learning for Hyperspectral Image Classification [J]. IEEE Transactions on Geoscience & Remote Sensing, 2013, 51 (7): 4032-4044.

[84] Camps-Valls G, Marsheva T, Zhou D. Semi-Supervised Graph-Based Hyperspectral Image Classification [J]. IEEE Transactions on Geoscience & Remote Sensing, 2007, 45(10): 3044-3054.

[85] Fauvel M, Tarabalka Y, Benediktsson J, et al. Advances in spectral-spatial classification of hyperspectral images [J]. Proceedings of the IEEE, 2013, 101: 652-675.

[86] 鲍蕊, 薛朝辉, 张像源, 等. 综合聚类和上下文特征的高光谱影像分类 [J]. 武汉大学学报·信息科学版, 2017, 42(7): 890-896.

[87] 何芳, 王榕, 于强, 等. 加权空谱局部保持投影的高光谱图像特征提取 [J]. 光学精

密工程, 2017, 25(01): 263-273.

[88] Ma J, Jiang J, Zhou H, et al. Guided Locality Preserving Feature Matching for Remote Sensing Image Registration [J]. IEEE Transactions on Geoscience and Remote Sensing, 2018, 99: 1-13.

[89] Chen C, Li W, Tramel E W, et al. Spectral-spatial preprocessing using multihy-pothesis prediction for noise-robust hyperspectral image classification [J]. IEEE journal of selected topics in applied earth observations and remote sensing, 2014, 7: 1047-1059.

[90] Jiang J, Ma J, Chen C, et al. SuperPCA: A Superpixelwise Principal Component Analysis Approach for Unsupervised Feature Extraction of Hyperspectral Imagery [J]. IEEE Transactions on Geoscience and Remote Sensing, 2018, 99: 1-13.

[91] Zhou Y, Wei Y. Learning Hierarchical Spectral-Spatial Features for Hyperspectral Image Classification [J]. IEEE Transactions on Cybernetics, 2017, 46: 1667-1678.

[92] Pal M, Foody G. Feature Selection for Classification of Hyperspectral Data by SVM [J]. IEEE Transactions on Geoscience Remote Sensing, 2010, 48: 2297-2307.

[93] Kemker R, Kanan C. Self-Taught Feature Learning for Hyperspectral Image Classification [J]. IEEE Transactions on Geoscience & Remote Sensing, 2017, 99: 1-13.

[94] 赵波, 苏红军, 蔡悦. 一种切空间协同表示的高光谱遥感影像分类方法 [J]. 武汉大学学报·信息科学版, 2018, 43(4): 555-562.

[95] Yang J, Zhao Y, Chan J C W. Learning and Transferring Deep Joint Spectral-Spatial Features for Hyperspectral Classification [J]. IEEE Transactions on Geoscience and Remote Sensing, 2017, 55(8): 4729-4742.

[96] Prasad S, Labate D, Cui M, et al. Morphologically decoupled structured sparsity for rotation-invariant hyperspectral image analysis [J]. IEEE Transactions on Geoscience and Remote Sensing, 2017, 55(8): 4355-4366.

[97] Ortiz A, Rosario D, Fuentes O, et al. Image-based 3D model and hyperspectral data fusion for improved scene understanding [C]//Geoscience and Remote Sensing Symposium (IGARSS), 2017 IEEE International, 2017: 4020-4023.

[98] 张成业, 秦其明, 陈理, 等. 高光谱遥感岩矿识别的研究进展 [J]. 光学精密工程, 2015, 23(8): 2407-2418.

[99] Zhang C, Qin Q, Chen L, et al. Research and development of mineral identification utilizing hyperspectral remote sensing [J]. Editorial Office of Optics and Precision Engineering, 2015, 23(8): 2407-2418.

[100] Liang J, Zhou J, Tong L, et al. Material based salient object detection from hyper-spectral images [J]. Pattern Recogni-tion, 2018, 76: 476-490.

[101] Zhang L, Zhang Y, Yan H, et al. Salient object detection in hyperspectral imagery using multi-scale spectral-spatial gradient [J]. Neurocomputing, 2018, 291: 215-225.

[102] Ramirez F, Navarro-Cerrillo R, Varo-Martínez M, et al. Determination of forest fuels characteristics in mortality-affected Pinus forests using integrated hyperspectral and ALS data[J]. International journal of applied earth observation and geoin-formation, 2018, 68: 157-167.

[103] Saleh A. Hyperspectral Remote Sensing in Characteriz-ing Soil Salinity Severity using SVM Technique: A Case Study of Iraqi Alluvial Plain[J]. Journal of American Science, 2017, 13(11): 47-64.

[104] Jiang J, Chen C, Yu Y, et al. Spatial-aware collaborative representation for hyper-spectral remote sensing image classification[J]. IEEE Geoscience and Remote Sensing Letters, 2017, 14(3): 404-408.

[105] Li W, Chen C, Su H, et al. Local binary patterns and extreme learning machine for hyperspectral imagery classification[J]. IEEE Transactions on Geoscience and Remote Sensing, 2015, 53(7): 3681-3693.

[106] Pan B, Shi Z, Xu X. Hierarchical guidance filtering-based ensemble classification for hyperspectral images[J]. IEEE Transactions on Geoscience and Remote Sensing, 2017, 55(7): 4177-4189.

[107] Qiao T, Yang Z, Ren J, et al. Joint bilateral filtering and spectral similarity based sparse representation: A generic framework for effective feature extraction and data classification in hyperspectral imaging[J]. Pattern Recognition, 2018, 3(77): 316-328.

[108] Kang X, Li S, Benediktsson J. Spectral-Spatial Hyperspectral Image Classification with Edge-Preserving Filtering[J]. IEEE Transactions on Geoscience Remote Sensing, 2014, 52: 2666-2677.

[109] Shen Y, Xu J, Li H, et al. ELM-based spectral-spatial classification of hyperspectral images using bilateral filtering information on spectral band-subsets[C]//Geoscience and Remote Sensing Symposium (IGARSS), 2016 IEEE International, 2016: 497-500.

[110] Liao J, Wang L, Hao S. Hyperspectral Image Classification Method Combined with Bilateral Filtering and Pixel Neighborhood Information[J]. Transactions of the Chinese Society for Agricultural Machinery, 2017, 48(08): 140-146, 211.

[111] Pal M, Foody G. Feature Selection for Classification of Hyperspectral Data by SVM[J]. IEEE Transactions on Geoscience Remote Sensing, 2010, 48: 2297-2307.

[112] Chang C, Lin C. LIBSVM: A library for support vector machines[J]. ACM, 2011: 1-27.

[113] Guo X, Huang X, Zhang L, et al. Support Tensor Machines for Classification of Hyperspectral Remote Sensing Imagery[J]. IEEE Transactions on Geoscience & Remote Sensing, 2016, 54(6): 3248-3264.

[114] Tu B, Zhang X, Kang X, et al. Hyperspectral Image Classification via Fusing Correlation

Coefficient and Joint Sparse Representation[J]. IEEE Geoscience & Remote Sensing Letters, 2018, 15(3): 340-344.

[115]王增茂, 杜博, 张良培, 等. 基于纹理特征和形态学特征融合的高光谱影像分类法[J]. 光子学报, 2014, 43(08): 122-129.

[116]唐超, 邵龙义. 高光谱遥感地物目标识别算法及其在岩性特征提取中的应用[J]. 遥感技术与应用, 2017, 32(04): 691-697.

[117]何芳, 王榕, 于强, 等. 加权空谱局部保持投影的高光谱图像特征提取[J]. 光学精密工程, 2017, 25(01): 263-273.

[118]Wang J, Zhang K, Wang P, et al. Unsupervised Band Selection Using Block Diagonal Sparsity for Hyperspectral Image Classification[J]. IEEE Geoscience & Remote Sensing Letters, 2018: 1-5.

[119]Chen C, Li W, Tramel E, et al. Spectral-Spatial Preprocessing Using Multihy-pothesis Prediction for Noise-Robust Hyperspectral Image Classification[J]. IEEE Journal of Selected Topics in Applied Earth Observations & Remote Sensing, 2014, 7(4): 1047-1059.

[120]Chen C, Li W, Su H, et al. Spectral-Spatial Classification of Hyperspectral Image Based on Kernel Extreme Learning Machine[J]. Remote Sensing, 2014, 6(6): 5795-5814.

[121]Chen Z, Jiang J, Jiang X, et al. Spectral-Spatial Feature Extraction of Hyperspectral Images Based on Propagation Filter[J]. Sensors, 2018, 18(6): 1978.

[122]Li W, Du Q. Gabor-Filtering-Based Nearest Regularized Subspace for Hyperspectral Image Classification[J]. IEEE Journal of Selected Topics in Applied Earth Observations & Remote Sensing, 2014, 7(4): 1012-1022.

[123]Shen L, Jia S. Three-Dimensional Gabor Wavelets for Pixel-Based Hyperspectral Imagery Classification[J]. IEEE Transactions on Geoscience & Remote Sensing, 2011, 49(12): 5039-5046.

[124]Bruce L, Koger C, Li J. Dimensionality reduction of hyperspectral data using discrete wavelet transform feature extraction[J]. IEEE Transactions on Geoscience & Remote Sensing, 2002, 40(10): 2331-2338.

[125]Hsu P. Feature extraction of hyperspectral images using wavelet and matching pursuit[J]. ISPRS Journal of Photogrammetry and Remote Sensing, 2007, 62(2): 78-92.

[126]Yu S, Liang X, Molaei M. Joint Multiview Fused ELM Learning with Propagation Filter for Hyperspectral Image Classification[J]. 2016: 374-388.

[127]Wei Y, Zhou Y, Li H. Spectral-Spatial Response for Hyperspectral Image Classification[J]. Remote Sensing, 2017, 9(3): 203.

[128]Teng Y, Zhang Y, Chen Y, et al. Adaptive Morphological Filtering Method for Structural

Fusion Restoration of Hyperspectral Images [J]. IEEE Journal of Selected Topics in Applied Earth Observations & Remote Sensing, 2016, 9(2): 655-667.

[129] Tomasi C, Manduchi R. Bilateral filtering for gray and color images [C]//Computer Vision, 1998. Sixth International Conference on IEEE, 1998: 839-846.

[130] Wang Y, Song H, Zhang Y. Spectral-spatial classification of hyperspectral images using joint bilateral filter and graph cut based model[J]. Remote Sensing, 2016, 8(9): 748.

[131] Sahadevan A, Routray A, Das B, et al. Hyperspectral image preprocessing with bilateral filter for improving the classification accuracy of support vector machines [J]. Journal of Applied Remote Sensing, 2016, 10(2): 025004-025004.

[132] Li J, Yuan Q, Shen H, et al. Noise removal from hyperspectral image with joint spectral-spatial distributed sparse representation[J]. IEEE Transactions on Geoscience and Remote Sensing, 2016, 54(9): 5425-5439.

[133] Yu H, Gao L, Liao W, et al. Multiscale Superpixel-Level Subspace-Based Support Vector Machines for Hyperspectral Image Classification[J]. IEEE Geoscience & Remote Sensing Letters, 2017, 14(11): 1-5.

[134] Pan B, Shi Z, Xu X. R-VCANet: A New Deep-Learning-Based Hyperspectral Image Classification Method[J]. IEEE J-STARS, 2017, 10(5): 1975-1986.

[135] Fan H, Chen Y, Guo Y, et al. Hyperspectral Image Restoration Using Low-Rank Tensor Recovery[J]. IEEE Journal of Selected Topics in Applied Earth Observations & Remote Sensing, 2017, 99(1): 1-16.

[136] Zhou X, Prasad S, Crawford M M. Wavelet-Domain Multiview Active Learning for Spatial-Spectral Hyperspectral Image Classification [J]. IEEE Journal of Selected Topics in Applied Earth Observations & Remote Sensing, 2016, 9(9): 4047-4059.

[137] Zhang H, Li Y, Zhang Y, et al. Spectral-spatial classification of hyperspectral imagery using a dual-channel convolutional neural network[J]. Remote Sensing Letters, 2017, 8 (5): 438-447.

[138] María D, Guerra R, López S, et al. An Algorithm for an Accurate Detection of Anomalies in Hyperspectral Images With a Low Computational Complexity[J]. IEEE Transactions on Geoscience & Remote Sensing, 2018, 99(1): 1-18.

[139] Gmur S, Vogt D, Zabowski D, et al. Hyperspectral Analysis of Soil Nitrogen, Carbon, Carbonate, and Organic Matter Using Regression Trees [J]. Sensors, 2012, 12 (8): 10639-10658.

[140] Gevaert C, Tang J, García-Haro F, et al. Combining hyperspectral UAV and multispectral Formosat-2 imagery for precision agriculture applications [C]//Hyperspectral Image and Signal Processing: Evolution in Remote Sensing. IEEE, 2017: 1610-1611.

[141] Goodenough D, Bannon D. Hyperspectral forest monitoring and imaging implications [C]//SPIE Sensing Technology + Applications. 2014: 910402.

[142] Zhu Q, Li J, Zhang F, et al. Distinguishing Cyanobacteria Bloom and Aquatic Plants in Lake Taihu based on Hyperspectral Imager for the Coastal Ocean Images[J]. Remote Sensing Technology & Application, 2016.

[143] Yong-Ping M, Zhang W, Liu D. Characteristics of Hyperspectral Reconnaissance and Threat to Ground Military Targets[J]. Aerospace Shanghai, 2012.

[144] Jia X, Kuo B, Crawford M. Feature Mining for Hyperspectral Image Classification[J]. Proceedings of the IEEE, 2013, 101(3): 676-697.

[145] Fauvel M, Tarabalka Y, Benediktsson J, et al. Advances in Spectral-Spatial Classification of Hyperspectral Images[J]. Proceedings of the IEEE, 2013, 101(3): 652-675.

[146] Han Y, Li J, Zhang Y, et al. Sea Ice Detection Based on an Improved Similarity Measurement Method Using Hyperspectral Data[J]. Sensors, 2017, 17(5).

[147] Wong E, Minnett P. Retrieval of the Ocean Skin Temperature Profiles From Measurements of Infrared Hyperspectral Radiometers—Part II: Field Data Analysis [J]. IEEE Transactions on Geoscience & Remote Sensing, 2016, 54(4): 1891-1904.

[148] Zhang T, Wei W, Zhao B, et al. A Reliable Methodology for Determining Seed Viability by Using Hyperspectral Data from Two Sides of Wheat Seeds[J]. Sensors, 2018, 18(3): 813.

[149] Behmann J, Acebron K, Emin D, et al. Specim IQ: Evaluation of a New, Miniaturized Handheld Hyperspectral Camera and Its Application for Plant Phenotyping and Disease Detection[J]. Sensors, 2018, 18(2): 441.

[150] Sandino J, Pegg G, Gonzalez F, et al. Aerial Mapping of Forests Affected by Pathogens Using UAVs, Hyperspectral Sensors, and Artificial Intelligence[J]. Sensors, 2018, 18(4): 944.

[151] Ma N, Peng Y, Wang S, et al. An Unsupervised Deep Hyperspectral Anomaly Detector [J]. Sensors, 2018, 18(3): 693.

[152] Jiang J, Ma J, Wang Z, et al. Hyperspectral Image Classification in the Presence of Noisy Labels[J]. IEEE Transactions on Geoscience & Remote Sensing, 2018(1): 99.

[153] Ma J, Jiang J, Zhou H, et al. Guided Locality Preserving Feature Matching for Remote Sensing Image Registration[J]. IEEE Transactions on Geoscience & Remote Sensing, 2018, 56(8): 4435-4447.

[154] Pal M, Foody G. Feature Selection for Classification of Hyperspectral Data by SVM[J]. IEEE Transactions on Geoscience & Remote Sensing, 2010, 48(5): 2297-2307.

[155] Huo H, Guo J, Li Z. Hyperspectral Image Classification for Land Cover Based on an

Improved Interval Type-Ⅱ Fuzzy C-Means Approach [J]. Sensors, 2018, 18 (2): 363-385.

[156] Tong F, Tong H, Jiang J, et al. Multiscale Union Regions Adaptive Sparse Representation for Hyperspectral Image Classification[J]. Remote Sensing, 2017, 9(9): 872.

[157] Ma J, Jiang J, Liu C, et al. Feature guided Gaussian mixture model with semi-supervised EM and local geometric constraint for retinal image registration. Inf. Sci. 2017 (417): 128-142.

[158] Ma J, Chen C, Li C, et al. Infrared and visible image fusion via gradient transfer and total variation minimization[J]. Information Fusion, 2016, 31(C): 100-109.

[159] Ma J, Ma Y, Li C. Infrared and visible image fusion methods and applications: A survey[J]. Information Fusion, 2018, 45: 153-178.

[160] Wei Y, Zhou Y, Li H. Spectral-Spatial Response for Hyperspectral Image Classification[J]. Remote Sensing, 2017, 9(3): 203.

[161] Teng Y, Zhang Y, Chen Y, et al. Adaptive morphological filtering method for structural fusion restoration of hyperspectral images[J]. IEEE Journal of Selected Topics in Applied Earth Observations and Remote Sensing, 2016, 9(2): 655-667.

[162] Shen Y, Xiao L, Molaei M. Joint Multiview Fused ELM Learning with Propagation Filter for Hyperspectral Image Classification [C]//Asian Conference on Computer Vision. Springer, Cham, 2016: 374-388.

[163] Chang J, Wang Y. Propagated image filtering [C]//Computer Vision and Pattern Recognition. IEEE, 2015: 10-18.

[164] Li J, Bioucas-Dias J, Plaza A. Spectral-Spatial Classification of Hyperspectral Data Using Loopy Belief Propagation and Active Learning[J]. IEEE Transactions on Geoscience & Remote Sensing, 2013, 51(2): 844-856.

[165] Prasad S, Bruce L. Limitations of Principal Components Analysis for Hyperspectral Target Recognition[J]. IEEE Geoscience & Remote Sensing Letters, 2008, 5(4): 625-629.

[166] Chen Y, Lin Z, Zhao X, et al. Deep Learning-Based Classification of Hyperspectral Data[J]. IEEE Journal of Selected Topics in Applied Earth Observations & Remote Sensing, 2017, 7(6): 2094-2107.

[167] Pan B, Shi Z, Zhang N, et al. Hyperspectral Image Classification Based on Nonlinear Spectral-Spatial Network [J]. IEEE Geoscience & Remote Sensing Letters, 2016, 99 (1): 1-5.

[168] Chen Y, Zhao X, Jia X. Spectral-Spatial Classification of Hyperspectral Data Based on Deep Belief Network[J]. IEEE Journal of Selected Topics in Applied Earth Observations & Remote Sensing, 2015, 8(6): 2381-2392.

［169］Soomro S, Liang X, Soomro B. Hyperspectral image classification via Elastic Net Regression and bilateral filtering［C］//IEEE International Conference on Progress in Informatics and Computing. IEEE, 2016: 56-60.

［170］Liu M, Tuzel O, Ramalingam S, et al. Entropy rate superpixel segmentation［J］. in Proc. CVPR, Jun, 2011: 2097-2104.